세계 특급호텔 및 카페 디저트

달콤한 유혹 디저트 여행

신태화 저

SWEET
DESSERT
WORLD

디저트 명인 신태화 교수와 함께 떠나는
달콤한 유혹이 가득한 디저트 여행!

 (주)백산출판사

내 인생의 행복을
디저트에서 만나다

파티시에는 누구나 자신이 관심을 많이 가지는 그 분야에는 더 적극적으로 다가간다.

이 책에는 저자가 35년 동안 특급호텔에서 미국, 독일, 프랑스, 이탈리아, 일본 셰프와 근무하며 배운 세계 각 나라의 다양한 디저트와 우리 주변의 베이커리에서는 볼 수 없는 세계 곳곳 특유의 디저트를 외국에서 연수와 여행을 하며 직접 배워온 디저트 레시피를 활용하여 다양한 제품을 만들어 소개하고자 한다.

외국 레시피라고 해서 더 어렵지도, 더 복잡한 것도 없다. 그동안 국내에도 많이 알려진 제품들이 많기 때문에 다만 같은 종류의 제품이라도 들어가는 재료의 종류, 재료의 양, 만드는 과정에 따라서 맛이 다르다.

베이커리 디저트 카페나 외국 여행에서 만난 달콤한 디저트에는 언제나 유쾌한 즐거움의 향기가 난다. 이 달콤한 디저트는 길거리에서 판매하는 다양한 종류의 간식도 있고, 레스토랑에서 즐기는 고급스러운 디저트도 있다. 디저트로 사람들의 평소 생활을 조금이라도 즐겁고 행복하게 만들고 있다고 생각하면, 나는 매우 자랑스럽게 느껴져 가슴이 떨린다.

호텔에서 만들어지는 각 나라의 다양한 디저트와 국내에서 많은 사랑을 받고 있는 제품들로 일상 속에서 마음을 유쾌하게 하는 것을 얼마만큼 알고 있는지에 따라 인생의 풍족함은 달라질 것이다. 파리는 빵이 맛있는 나라다. 갓 구운 바게트 하나를 들고 아침거리를 걷는 모습을 많은 곳에서 발견할 수 있다는 것은 파리여행의 또 하나의 재미일 것이다. 또한 파리는 디저트의 나라다. "빵이 없으면 케이크를 먹으면 되지 않나?"라는 유명한 왕비의 말처럼 파리에는 맛있는 빵과 함께 케이크가 넘쳐난다. 달콤한 디저트를 먹어 보기 위해 파리까지 날아가 행복한 파리여행을 즐겨보자.

대부분의 파티시에는 자신이 특별하게 아끼는 소중한 비밀 메뉴가 있다. 뉴욕 치즈 케이크, 다양한 타르트, 파리 브레스트, 에클레어, 슈톨렌 등 완벽함을 추구하는 파티시에는 자기만의 레시피를 완성하는 데 수많은 시행착오를 거친다. 이런 과정을 거쳐서 노력 끝에 완성된 제품이 많은 사람들에게 사랑 받고, 세월이 흐르면서 그를 상징하는 '시그니처 메뉴'가 된다. 이 책에는 한 단계 진화한 멋진 디저트들이 눈과 마음을 사로잡는다. 시원하게 한 면을 차지하는 높은 해상도의 선명하고 아름다운 사진과 꼼꼼하게 소개한 레시피를 따라 직접 디저트를 만들어 볼 수도 있고, 과감히 상식의 틀을 깬 그들의 아이디어에서 나만의 새로운 디저트 개발에 소중한 영감을 얻을 수도 있을 것이다. 디저트 사랑으로 언젠가 디저트를 만들어보고 싶은 사람과 카페를 창업하겠다는 예비 창업자, 가정에서 손쉽게 달콤한 디저트를 꿈꾸는 사람들과 디저트에 관심이 있는 사람 누구나 이 한 권의 책으로 예쁘고 맛있는 디저트가 나오기를 기대하며 책을 출간합니다. 끝으로 책이 나오기까지 많은 도움을 주신 백산출판사 진욱상 사장님과 이경희 부장님, 편집부 선생님들께 깊은 감사를 드립니다. 또한 예쁘게 사진 촬영을 해주신 이광진 작가님, JW Marriott Hotel 옛 동료들에게도 진심으로 감사드립니다.

2019년 1월

저자 신태화 씀

달콤한 유혹 디저트 여행

CONTENTS

PART 01 _ 이론: 디저트에 대해 알아보자

PART 02 _ 실기: 달콤한 디저트

달콤한 디저트를 만나다

지속되는 경기불황 속에도 어느 순간부터 스몰럭셔리 등으로 대표되는 작은 사치가 끊이지 않고 있다. 자기만족에 돈을 쓰는 사람들의 증가로 20~30대를 중심으로 고급 디저트에서 행복을 찾는 사람이 늘어가고 있다. 최근에는 식사 가격과 디저트 가격이 비슷한 수준까지 올라와 있다. 과거에는 디저트를 먹는 것을 사치라고 여겼지만 현재는 식후뿐만 아니라 자주 즐겨 찾는 하나의 문화로 정착하였다. 이 때문에 다양한 나라의 디저트들을 쉽게 만날 수 있다.

프랑스의 마카롱, 스페인의 츄러스, 포르투갈의 에그타르트, 중국의 탕후루, 이탈리아의 티라미수, 호주의 레밍턴, 터키의 바클라바 등 나라별 대표적인 디저트가 있다.

파티시에는 누구나 자신이 관심을 많이 가지는 분야에는 더 적극적으로 다가간다.

35년을 특급호텔에서 근무하면서 많은 외국 국적의 셰프와 함께 했다. 미국, 독일, 프랑스, 이탈리아, 일본. 그들로부터 배운 세계 각 나라의 다양한 디저트와 우리 주변의 베이커리에서는 볼 수 없는 세계 곳곳 특유의 디저트를 외국에서 연수와 여행을 하며 직접 배워온 디저트 레시피를 활용하여 다양한 제품을 만들어 소개하고자 한다.

호텔에서 혹은 어디에서 식사를 하던 식사의 마무리는 디저트다. 어떤 디저트를 어떻게 먹었느냐에 따라 그날 식사자리의 만족, 불만족이 결정되기도 한다. 또한 여행 중 간식으로 달콤한 디저트와 따뜻한 커피 한 잔은 최고의 행복이다.

외국 레시피라고 하면 상당히 어려울 것으로 생각하나 사실은 더 어렵지도, 더 복잡하지도 않다. 그동안 국내에서도 익숙하게 알려진 제품들도 많이 있다. 다만 같은 종류의 제품이라도 들어가는 재료의 종류, 재료의 양, 셰프가 만드는 과정에 따라 맛이 다르다.

베이커리 디저트 카페나 외국 여행에서 만난 달콤한 디저트에는 언제나 유쾌한 즐거움의 향기가 가득하다. 이 달콤한 디저트는 길거리에서 판매하는 다양한 종류의 간식도 있고, 레스토랑에서 즐기는 고급스러운 디저트도 있다. 디저트로 사람들의 평소 생활을 조금이라도 즐겁고 행복하게 만들고 있다고 생각하면, 나는 매우 자랑스럽게 느껴져 가슴이 두근거린다.

이제 디저트도 트렌드를 추구하는 시대이다. 그동안 호텔에서 배운 다양한 디저트와 외국을 다니면서 보고 배운 여러 나라의 달콤하고 맛있는 디저트 여행을 시작해 보자.

호텔에서 만들어지는 각 나라의 다양한 디저트와 국내에서 많은 사랑을 받고 있는 제품들로 일상 속에서 마음을 행복하게 하는 것을 얼마만큼 알고 있는지에 따라 인생의 풍족함은 달라질 것이다.

프랑스의 디저트

여자의 로망, 낭만이 가득한 도시! 하면 가장 먼저 떠오르는 도시 프랑스 파리.

파리에는 아름다운 명소들도 많지만, 미식의 도시답게 맛있는 빵과 디저트가 유명하다.

아침에 일어나서 매일 먹는 것이 빵이므로 매우 중요하다. 그리고 빵의 맛이 일품이다. 갓 구운 바게트 하나를 들고 아침거리를 걷는 모습을 많은 곳에서 발견할 수 있다는 것도 파리여행의 또 하나의 재미일 것이다. 또한 파리는 디저트의 나라다. "빵이 없으면 케이크를 먹으면 되지 않나?" 라는 유명한 왕비의 말처럼 파리에는 맛있는 빵과 함께 케이크가 넘쳐난다. 달콤한 디저트를 먹어 보기 위해 파리까지 날아가 행복한 파리여행을 즐겨보자.

프랑스는 달콤한 맛을 지닌 많은 종류의 디저트가 있다.

이탈리아의 디저트

마카롱의 시작은 이탈리아다. 메디치 가의 카트린 드 메디치(Catherine de Medicis)가 앙 2세와 결혼하면서 프랑스에 전해졌다. 아몬드파우더, 달걀흰자 거품, 설탕 등으로 만드는데 은 바삭, 속은 쫀득하다. 파리의 디저트 몽블랑도 매력적인 디저트다. 진한 밤 맛이 도 밤 크림을 뾰족하게 쌓아 올리고 눈 덮인 하얀 산을 떠올리게 하는 모양이다. 밖에도 에클레르, 캐러멜 밀푀유, 타르트, 크렘 브륄레 등 무수히 많다.

세계인이 사랑하는 예술의 나라 이탈리아는 수많은 세계문화유산과 아름다 자연경관을 자랑하고 있으며, 유럽여행에서 꼭 가야 하는 나라 중 하나다. 양한 음식은 매우 맛있고 훌륭하다. 이탈리아의 빵과 디저트는 전 세계적 로 매우 인기가 있으며, 우리에게 굉장히 친숙하게 많이 알려진 음식이 우리가 먹고 있는 양식의 대부분과 빵, 디저트 등 이탈리아에서 시작 많은 것을 볼 수 있다. 특별한 것, 새로운 디저트를 현지에서 먹는 맛 가히 말로 표현하기 힘들 정도로 인상적이다. 이탈리아에서는 정통 저트를 맛보는 것이 좋을 듯하다.

티라미수'는 이탈리아를 대표하는 디저트다. 티라미수는 이탈리아 로 잡아당기다를 뜻하는 '티라레'에 나를 뜻하는 '미'와 위를 나타내 '수'가 합쳐진 말로, 이름 그대로 기분이 좋아진다는 속뜻을 가졌 티라미수는 에스프레소를 적신 레이디 핑거 시트와 마스카르포 치즈 등을 층층이 쌓아 올려 각각의 재료가 조화를 이루는 것이 징이다. 달콤하면서도 쌉싸름한 맛이 특징으로, 한입 먹으면 사 르 녹으며 입안 가득 퍼지는 달콤함에 매료된다.

미국의 디저트

초콜릿 맛이 강한 뉴욕의 브라우니의 맛은 어떤 맛일까? 크림치즈 맛이 강하고 바닥에 깔려있는 다이제스트 쿠키와 부드러운 뉴욕 치즈 케이크는 그렇게도 맛있을까? 미국사람들은 어떤 디저트를 좋아할까? 궁금한 것이 한두 가지가 아니다.

초콜릿이 듬뿍 든 맛있는 퍼지 브라우니(Fudge Brownie)는 19세기 말경 미국에서 개발되어 지금까지 전 세계에서 꾸준한 인기를 끌고 있다. 케이크보다는 단단하고 쿠키보다는 부드러워서 케이크와 쿠키의 중간이라고 볼 수 있는데, 안에 들어가는 재료에 따라 식감이 달라지며 입 안 가득 퍼지는 달콤하면서 쌉싸름한 초콜릿 맛이 일품이다.

뉴욕의 어느 식당을 들어가도 디저트로 준비되어 있는 뉴욕 치즈 케이크. 뉴욕 사람들에게 일상이 된 디저트로 부드럽고 달콤한 맛의 뉴욕 치즈 케이크는 누구든지 사랑할 수밖에 없는 맛이다.

뉴욕 치즈 케이크는 화려하지 않은 약간의 투박한 모습의 디저트다. 치즈 케이크하면 모든 사람들이 특정 이미지를 떠올리게 되는 것처럼 노란색의 두툼한 모습이 특징이다. 1900년대 중 뉴욕에서 치즈 케이크의 인기는 대단했으며, 모든 레스토랑에서는 각자만의 치즈 케이크 레시피를 가지고 많은 경쟁을 했을 정도였다. 뉴욕 사람들의 치즈 케이크 사랑은 오래도록 변함 없고, 치즈 케이크는 뉴욕에서 만들어졌으며, 뉴욕에서 만들어지기 전에는 치즈 케이크는 진한 치즈 케이크가 아니었다라고 주장할 만큼 뉴욕 사람들에게는 자부심이었다.

뉴욕 치즈 케이크 혹은 뉴욕 스타일의 치즈 케이크는 뉴욕의 쥬니어스 델리(Junior's Deli)의 린지(Lindy)에 의해 처음 만들어졌다고 알려져 있으며, 헤비크림과, 코티지치즈, 달걀을 풍부하게

섞어서 만들어낸 이 케이크는 유태인 스타일(Jewish style)이라
고도 불리며 5~6인치 두께가 될 정도로 두꺼운 것이 특징이
다. 클래식한 뉴욕 치즈 케이크에는 헤비크림과 사워크림이
들어가지만, 다양한 맛의 치즈나 레몬, 초콜릿, 딸기 시럽
등을 넣어 맛을 내기도 한다.

아시아의 디저트

일본을 비롯하여 가까운 아시아의 다양한 나라들도 많은 종류의 디저트가 나오고 있다. 홍콩은 열대과일과 견과류를 이용한 다양한 디저트가 발달해 여행을 많이 하는 사람들 사이에서 '디저트의 천국'이라고 불릴 정도다. 홍콩의 대표적인 디저트는 망고푸딩으로 신선한 망고를 부드럽고 달콤한 연유에 넣어 차갑게 만들어 함께 즐기는 푸딩이다. 매운 음식을 먹은 뒤 혀를 달래주며, 시원함을 준다. 그 밖에 멜론, 파인애플 등의 과일에 시미루(타피오카)를 넣은 '후르츠 시미루'도 여러 가지 이름으로 홍콩과 중국 광동을 비롯해 동남아시아 여러 나라에서 맛볼 수 있는 인기 디저트다.

중국, 말레이시아, 인도 등 다양한 인종으로 구성된 싱가포르는 디저트 문화 역시 다양성이 특징이다. 코코넛 우유와 갈색 설탕이 들어간 '첸돌'과, 우유, 시럽, 과일, 콩이 들어간 '아이스 카창' 등 빙수 디저트가 대표적이다. 말린 사과와 견과류, 보리를 넣어 만든 수프 '챙 팅', 시럽과 여러 과일을 토핑한 허브 젤 '그라스 젤리' 등도 있다.

파티시에는

대부분의 파티시에는 자신이 특별하게 아끼는 소중한 비밀 메뉴가 있다. 뉴욕 치즈 케이크, 타르트, 퐁당 쇼콜라, 파리 브레스트, 에클레어, 슈톨렌 등 완벽함을 추구하는 파티시에는 자기만의 레시피를 완성하는 데 수많은 시행착오를 거친다.

이런 과정을 거쳐서 노력 끝에 완성된 제품이 많은 사람들에게 사랑 받고, 세월이 흐르면서 그를 상징하는 '시그니처 메뉴'가 된다.

타르트(Tart)

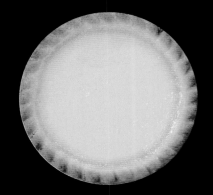

타르트(tart)는 얇은 원형이나 사각형 등의 다양한 틀에 파트 브리제(pâte brisée, 반죽형 파이 반죽) 등의 반죽을 깔고 과일이나 크림을 채워서 구운 과자를 말한다. 프랑스어로는 타르트, 이탈리아어로는 토르타라고 하며, 영국과 미국에서는 타트라는 명칭으로 부르고 있다. 타르트는 모두 똑같지 않고 나라마다 반죽과 모양이 약간씩 다르며, 소형의 타르트는 타르틀레트(tartelet)라고 한다. 또한 타르트를 플랑(프랑스어로 flan)이라고 부르기도 하는데, 플랑은 밀가루, 달걀, 크림으로 만들어서 쪄낸 과자의 일종으로 접시 형상의 반죽에 충전물을 채운다는 것이 타르트와 동일하다. 그러나 플랑은 원형만으로 만들어지는 반면, 타르트는 원형 외에도 다른 형상으로 만들어진다는 점에 있어서는 약간 다르다고 할 수 있다. 프랑스에서는 타르트를 만들 때 두 가지 방법을 많이 사용한다. 한 가지는 반죽을 틀에 깔고 구워 낸 다음 과일이나 크림을 채워서 다시 굽는 방법이고, 또 한 가지는 반죽을 틀에 깐 다음 바로 그 상태에서 크림을 채워서 굽는 방법이다.

타르트는 프랑스에서 많이 만들어지고 있으며, 반죽은 파트 쉬크레, 파트 브리제, 파트 사브레 등이 사용되고 과일의 이름을 딴 명칭들을 많이 사용한다.

타르트 역사

타르트의 발상지는 확실하지는 않으나 독일에서 처음 구워진 것이 16세기경부터였다고 전해지고 있으며, 고대 게르만족이 태양의 형상을 본떠 하지 축제 때에 평평한 원형의 과자를 구운 것이 시초였으며, 중세에 들어서면서 교회 축제 때마다 타르트류가 등장했다고 알려져 있다. 프랑스에서는 15세기 후반부터 16세기 후반에 걸쳐서 만들어지게 되었고, 현재와 같은 인기를 누리게 된 것은 19세기부터이다.

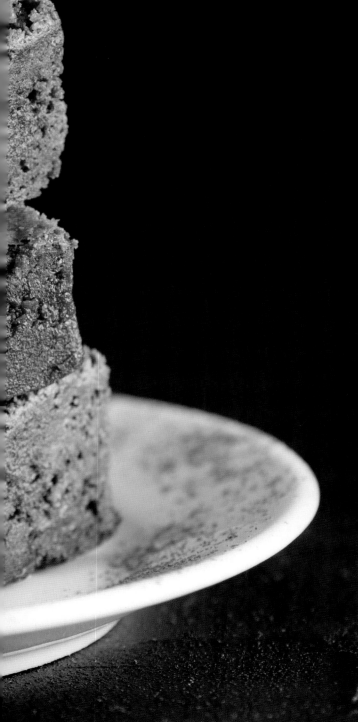

디저트에 대해 알아보자

01

디저트 개념

디저트는 서양요리 식단에서 샐러드 다음에 나오는 앙트르메나 과일 같은 후식으로 본래는 프랑스어로 '식사를 끝마치다' 또는 '식탁 위를 치우다'의 뜻이다. 식사를 다 끝마치고 식욕이 충족된 상태에서 끝맺음을 우아하고 눈을 즐겁게 하여 식사의 여운을 마무리하는 데 목적이 있다. 이 과정을 디저트 코스라고 하여, 영국이나 미국에서는 젤리, 푸딩, 케이크, 아이스크림, 과일 등을 낸다. 프랑스 요리에서 말하는 앙트르메는 원래 정식 식사에서 요리 사이에 내는 음식이었으나 현재는 식사 후의 후식을 의미한다. 앙트르메는 이미 끝마친 요리의 맛을 효과적으로 돋우기 위한 것으로 그 종류가 많으며 달걀, 설탕, 우유, 크림, 양주, 과일, 넛트, 향료 등을 사용하여 만들며, 뜨거운 것과 찬 것으로 나뉜다. 뜨거운 것은 앙트르메 쇼(entremet schaud)라고 하며, 수플레(souffle), 크레프(crepes) 등이 있고, 찬 것은 앙트르메 프루아(entremets froid)라고 하여 냉과(冷菓)와 아이스크림이 있다. 더운 것과 찬 것을 모두 제공할 때는 더운 것을 먼저 낸 다음 찬 것을 후에 내는 것이 순서이다. 디저트 코스로 들어가면 흡연을 하고, 자연스럽게 테이블 스피치(table speech)도 한다.

16세기 프랑스에서는 부와 권력을 가진 사람들에 의해 테이블 위에 잘 차려진 요리를 즐기기 시작하였고 이로 인해서 디저트 또한 보다 사치스럽고 시각적인 것으로 발전하였다. 따라서 마지막에 나오는 디저트는 자연스럽게 그날의 만찬을 마무리하는 최고의 요리로 변화되었다. 전통적으로 거대하게 행사를 치르는 연회에서 대부분 다섯 가지 코스요리가 나왔는데, 이 중에서 다섯 번째 나오는 마지막 코스가 매우 화려하고 장대하면서도 우아한 모양의 요리인 디저트로 제공되었다. 17세기에 들어와서 디저트는 향과 장식적인 면에서 좀 더 진보하는 경향을 보이게 되었다. 이때 만들어진 디저트 요리로는 마지팬, 누가, 피라미드, 혼성주를 이용한 비스킷과 크림, 설탕과 오렌지 향을 섞은 아몬드 사탕, 피스타치오 등으로 매우 풍성하고 단맛이 강하며, 방향성이 짙은 것이 특징이라고 할 수 있다. 20세기에 접어들면서 공장형 디저트의 등장으로 인스턴트 디저트라는 단어가 사용되면서 하나의 산업형 디저트 시대를 맞이하였다. 이때부터 분말형의 디저트 재료가 생산되고 전처리 과정을 거쳐서 다양한 종류의 디저트가 많은 기술의 필요 없이도 생산이 가능하게 되었다.

02

디저트의 역사

달콤한 디저트의 역사는 인류의 시작과 함께 더불어 발전해 왔다. 세계 각 나라에서 다양한 풍미로 사람들의 입안을 즐겁게 해주고 있는 디저트는 초기에는 특권층만이 향유할 수 있었으며, 평범한 사람들은 중요한 행사가 있을 때나 특별한 경우에만 즐길 수 있는 음식이었다.

고대에는 사람들이 구할 수 있는 음식 자체가 많지 않았기 때문에 자연에서 우연히 나오는 과일이나 견과류를 이용하여 만들어진 것을 디저트로 제공하였다. 일반적으로 중세시대에 설탕이 대량으로 생산된 이후부터 캔디가 본격적으로 만들어져 사람들이 먹기 시작했으며, 기원전 3000년부터 사람들의 입을 즐겁게 하는 많은 디저트들이 속속 생겨나기 시작했다.

설탕 생산의 발전과 동시에 많은 사람들이 설탕을 이용하여 각종 디저트를 만들기 시작하면서 디저트 문화는 급속도로 발전하게 되었다. 디저트는 달콤한 풍미를 남겨 식후 입안의 뒷맛을 없애는 효과를 내는 것이 그 기원이라고 할 수 있는데, 현재 수천 가지에 달하는 다양한 디저트 중 아이스크림, 케이크, 파이류 등은 사람들에게 가장 많은 사랑을 받고 있다.

슈 페이스트리, 크렘 푸에떼 등과 같은 것은 아니었으나 고대시대부터 달콤하게 먹고 있었으며, 달콤한 것들 중 가장 평범한 것은 오일과 꿀로 요리한 밀가루 갈레트(calette)다. 이 토속적인 과자류는 대규모 통과의례에 사용되었다.

기쁘게도 인류는 바로 가토(Gateau)를 좋아하게 된다. 당시 빠띠쓰리(pâtisserie) 발전을 이미 느끼고 있던 플리니우스가 남긴 오래된 기록이 있는데, 그는 빠띠쓰리에 대해 "달걀, 우유 그리고 버터와 함께"라고 묘사한 바 있다.

03

국내 디저트 시장의 변화

현대사회의 전반적 생활수준이 높아지고 식생활 문화가 빠르게 변화하면서 외식의 빈도가 많아지고 일상이 된 소비자들은 맛뿐만 아닌 서비스와 분위기를 중시하며, 정신적 문화적 가치의 중요도가 높아지고 있다. 이러한 소비자의 니즈를 충족시키기 위하여 고급 인테리어와 차별화된 디저트 전략을 가진 프리미엄 외식 브랜드 업체가 늘어나고 있으며, 이는 디저트 업계의 변화로 이어지고 있다. 디저트만을 판매하는 전문업체들이 증가하고 있으며, 점점 더 다양화, 전문화되고 있다. 소비자들의 기호 또한 세분화되고 있으며, 따라서 디저트 브랜드 업체는 메뉴의 참신함, 감각적이고 트렌드에 맞는 이미지, 개성 있는 제품을 만들어 높은 부가가치를 창출하고 있다.

최근 트렌드가 젊고 트렌디한 감각으로 변화하면서 카페가 복합적인 문화공간으로 거듭난 결과 특히 젊은 여성 세대들은 밥집보다 세련된 카페를 이용하는 횟수가 더 많아 카페에 친숙한 20~30대 여성을 겨냥한 다양한 디저트 카페가 늘어나고 있다.

커피나 디저트 등 기호식품이 인기를 끌면서 시장에도 변화가 나타났다. 최근 들어 발 빠르게 성장하는 시장인 만큼 단순한 곁들임 디저트가 아닌, 프리미엄으로서 맛과 품질 수준을 향상시키는 것이 핵심이라고 할 수 있다.

04

디저트 장식

식사의 마지막을 장식하는 디저트(dessert decoration)는 뛰어난 맛과 예쁘고 화려하게 만들기 위해서 많은 파티쉐가 끊임없이 연구하고 개발하여 많은 변화가 있어 왔다. 대부분의 파티쉐는 디저트 메뉴를 만들 때 균형과 즐거움을 제공하는 매우 중요한 디저트 플레이팅을 하며, 셰프의 생각이 반영됨과 동시에 식사하는 장소의 특징, 행사의 성격을 종합하여 특징적 인상을 주기도 하며, 창조적 아이디어와 균형, 절제, 조화를 항상 생각해야 한다. 접시 위에서 각각의 요소들이 색깔과 공간이 모두 어울리도록 장식을 결정하고 아름답게 하므로 케이크, 무스 등을 만드는 것과는 전혀 다른 감각과 노력을 요구한다.

디저트 플레이팅은 메인디저트, 장식, 소스가 어울리도록 미리 종이에 스케치를 해보고 진행하면 많은 도움이 된다. 19세기 음식백과사전 집필자 Mrs. Beeton은 만약 식사의 과정에 시(詩)가 있다면 바로 디저트 안에 있다고 말했다고 한다. 간결함 속에 함축된 맛과 아름다움을 접시에 그리라는 뜻이다. 흔히 '디저트는 눈이 먼저 먹는다'는 말이 있다. 고객의 눈에 확 들어와야 한다는 의미이지만, 디저트의 핵심은 맛이 있어야 한다. 맛과 향에서 가장 중요한 것은 재료이다. 최상의 재료는 품질을 높이고 디저트의 가치를 다르게 한다. 좋은 재료를 이용하여 만든 디저트에 장식을 할 때 어디까지 할지는 항상 문제가 된다. 장식이 없다면 허전해 보이고 지나친 장식은 디저트의 맛과 향을 반감시킨다. 경험이 많은 파티쉐는 많은 장식 없이 그 자체만으로도 훌륭한 디저트가 된다는 것을 알기 때문에 심플하게 한다. 때에 따라서는 장식이 단순할 때 더 좋은 디저트가 될 수 있다.

05

디저트 플레이팅

디저트 플레이팅(dessert plating)은 디저트를 만들기 전에 이미 어떻게 할 것인가를 생각하고 준비하기 때문에 플레이트를 갖다놓고 두세 번의 교정을 통해서 한 가지 이상의 재료를 접시에 놓는 것이다. 대부분 디저트 플레이트에 놓을 것을 준비해놓고 마지막에 조합을 해서 고객에게 제공한다. 디저트를 완성하기 위해서는 3가지 요소가 있는데, 첫째 주재료(main item), 둘째는 장식(garnish), 마지막으로 소스(sauce)이다.

1. 주재료(Main Item)

대부분 디저트에 장식을 하지만 케이크 한 조각, 타르트 하나, 파이 한 조각, 과일 등 그 자체만으로도 디저트가 될 수 있으며, 이것을 디저트 플레이트에 놓고자 할 때는 그 제품에 대한 특성이 있어야 한다. 특유의 풍미가 가득하고, 먹을 때 느끼는 식감이 좋아야 한다. 더운 디저트인지 차가운 디저트인지 입 안에서 확실한 온도 차이를 느껴야 한다. 또한 제품의 컬러도 매우 중요하다. 화려한 색채는 아름답게 보일 수도 있지만 너무 지나치게 강하면 고객들에게 반감을 살 수 있으며, 뭔가 다른 모양의 형태는 고객에게 좋은 호감을 줄 수 있다.

2. 장식(Garnish)

디저트 플레이트에 주재료 하나만 놓으면 무엇인가 부족한 느낌이 있기 때문에 한두 가지의 장식물을 놓는다. 중요한 것은 놓는 장식물은 반드시 먹을 수 있어야 하며, 주재료와 조화를 이루어야 한다. 장식을 위해 사용하는 재료는 다음과 같은 것을 이용하여 완성할 수 있다. 과일,

아이스크림, 셔벗, 초콜릿, 튀일, 설탕공예, 생크림, 작고 예쁜 다양한 쿠키, 생크림, 애플민트, 식용 꽃 등이 그것이다.

3. 소스(Sauce)

최근 디저트는 무엇보다도 중요한 코스로 자리 잡고 있다. 디저트의 다양화, 고급화에 따른 맛의 균형 및 색의 조화와 환상적인 맛을 내기 위한 요소로서 소스의 역할은 점점 중요시되고 있다. 디저트용 소스는 디저트의 단맛을 내기 위한 소스이다. 소스를 재료별로 구분하면 크림 소스와 리큐르 소스로 분류할 수 있다. 종류로는 산딸기 소스, 앙그레이즈 소스, 블루베리 소스, 오렌지 소스, 망고 소스 등이 있다. 소스를 만들 때 과일의 단맛, 신맛, 과일 향 등이 그대로 날 수 있도록 해야 하며, 리큐르를 너무 많이 사용하면 과일 특유의 맛과 향이 감소하기 때문에 소량을 사용해야 한다. 최근에는 간편하고 과일의 맛을 그대로 유지하는 다양한 과일 퓌레(fruit puree)를 많이 사용한다. 또한 소스는 따뜻한 소스와 차가운 소스로 나누어진다. 현재의 디저트 코스는 다른 어떤 코스보다 많은 비중을 차지하며, 디저트의 근원인 프랑스에서 메뉴 구성 3단계에 들어갈 정도로 중요한 코스가 되었다. 국내에서도 호텔 등 고급레스토랑에서는 빵류보다 디저트에 더 큰 관심을 가지고 있다.

1) 디저트 소스(Dessert Sauce)

(1) 바닐라 소스(Vanilla Sauce)

바닐라 소스는 디저트에 가장 많이 사용하는 소스의 하나로 여겨도 될 정도로 다양하게 응용되고 있다. 만드는 법은 간단하고 기초적인 소스로 당도나 맛, 농도에 신경 써야 후식이 돋보인다. 그리고 바닐라 소스 위에 다른 소스로 뿌려서 데커레이션을 많이 하는데, 이는 모든 후식에 잘 어울리기 때문이다. 특히 우리가 즐겨 먹는 아이스크림에 주로 많이 사용한다. 대부분의 디저트는 바닐라를 기본 향으로 하고 다른 과일 향을 첨가해서 만든다.

바닐라 소스 재료

우유 ·················· 380ml
설탕 ·················· 55g
달걀노른자 ·········· 2개
바닐라 스틱 ·········· 1개

만드는 법

❶ 우유에 반으로 갈라 긁은 바닐라 빈을 넣고 불에 올려 끓기 직전까지 데운다.

❷ 큰 자루냄비에 노른자와 설탕을 넣고 거품기로 섞어 크림농도가 되게 젓는다(2~3분).

❸ ②에 따뜻한 우유의 반을 부어주며 빠르게 섞은 뒤 다시 우유 냄비에 붓고 불에 올린다.

❹ 나무주걱으로 저으며 85~90도의 온도가 될 때까지 익혀 농도가 되면 내려서 빨리 얼음물 위에 올리고 저어주며 식힌다.

❺ 가능하면 식은 뒤 바로 냉장고에 넣어야 하며, 빠른 시간 내에 사용하는 것이 좋다.

(2) 초콜릿 소스(Chocolate Sauce)

중남미의 아즈텍 제국을 멸망시킨 코르데스가 스페인에 가져와서 크게 유행하게 된 것으로 아즈텍 제국에서는 카카오 열매를 태양에 건조시켜 맷돌로 갈아서 열탕에 녹여 쓴맛을 제거하고 향신료를 넣어서 마셨다. 재료로는 코코아 가루, 버터, 물, 설탕, 바닐라를 이용해서 팬에 물을 넣고 설탕을 부어 끓여서 설탕시럽을 만들고, 코코아 가루에 녹인 버터를 넣어 혼합시킨다. 시럽을 코코아 버터에 조금씩 넣으면서 저어준 다음 얼음물에 차게 하여 바닐라 향이나 럼, 시나몬 가루 등을 넣어 맛을 조절한다. 혼합시킬 때는 천천히 넣어야 광택이 나며 매끄러운 소스가 된다.

초콜릿 소스 재료

설탕	280g
물엿	112g
물	600g
코코아파우더	112g
다크초콜릿	280g

만드는 법

❶ 설탕, 물, 물엿을 넣고 끓인다.
❷ 끓는 물에 코코아를 넣고 끓여준다.
❸ 초콜릿을 넣고 끓으면 불에서 내린다.

(3) 오렌지 소스(Orange Sauce)

오렌지 과육 즙을 내어 소스로 사용하거나 즙과 설탕을 캐러멜색을 내어 같이 섞어서 오리고기에 곁들이는 소스로 이용한다.

오렌지 소스 재료

오렌지즙 ········· 1000ml
설탕 ····················· 170g
옥수수 전분 ········· 20g
그랑 마르니에 ······ 50ml
레몬 ······················· 1개

만드는 법

❶ 오렌지는 즙을 내서 준비한다.
❷ 설탕, 옥수수 전분과 300ml의 오렌지주스를 끓여 설탕이 녹으면 불에서 내린다.
❸ 나머지 700ml의 오렌지주스를 넣고 끓여서 식힌 다음 고운체에 내려 그랑 마르니에와 레몬즙을 섞어서 차게 보관하여 사용한다.

(4) 사바용 소스(Sabayon Sauce)

사바용 소스는 후식의 색을 내는 데 자주 이용된다. 주재료가 달걀노른자와 설탕이므로 과일 그라탕, 푸딩 등 디저트에 주로 많이 사용되며, 중탕하면서 노른자를 약하게 익히는 것이 중요하다.

사바용 소스 재료

달걀노른자 ·········· 100g
설탕 ····················· 60g
화이트와인 ·········· 30ml
바닐라 에센스 ······· 2ml

만드는 법

❶ 중탕으로 올린 큰 그릇(bowl)에 노른자와 설탕을 넣고 거품기로 빠르게 섞어 크림 농도가 되게 한다.

❷ 여기에 와인을 넣고 계속 휘저어서 부드럽고 걸쭉한 농도가 되게 하여 국자로 떠올렸을 때 리본 모양으로 떨어지면 바닐라 에센스를 몇 방울 첨가하여 섞고 완성한다.

> ✔ 사바용 소스는 원하는 향과 주재료의 조합에 따라 생크림, 샴페인, 리큐르, 과즙 등 다양하게 응용하여 사용할 수 있다.

(5) 멜바 소스(Melba Sauce)

멜바 소스는 에스코피에가 만든 소스로 유명한 가수 이름이다. 멜바 소스의 유래는 손님이 아이스크림을 주문했는데, 양이 부족하여 복숭아를 아이스크림 옆에 장식하고 그 위에 딸기 소스를 곁들이면서 유명해진 디저트이다.

멜바 소스 재료

산딸기 퓌레 ········ 400g
설탕 ····················· 150g
레몬 ······················· 1개
물 ··························· 18g
전분 ························· 4g

만드는 법

❶ 산딸기 퓌레에 설탕을 넣고 끓인다.
❷ 물에 전분을 섞어서 저어면서 조금씩 부어준다.
❸ 식혀 고운체에 내려서 냉장 보관하여 사용한다.

(6) 캐러멜 소스(Caramel Sauce)

달콤한 향으로 과일이나 빵과 함께 먹게 되는 캐러멜 소스는 풍미가 좋고 달콤하다.

캐러멜 소스 재료

주재료

설탕 ····················· 45g

물엿 ····················· 30g

생크림 ················· 75g

생크림 → 물(생크림 대신 물을 넣으면 부드러운 맛이 덜한 캐러멜 소스가 된다.)

만드는 법

❶ 냄비에 물엿과 설탕을 넣고 끓인다. (젓지 않고 그대로 끓인다.)

❷ 가장자리가 끓어오르면 약한 불로 줄여 갈색이 될 때까지 끓인다.

❸ 불을 끄고 생크림을 조금씩 부어가며 주걱으로 섞는다.

❹ 약한 불에서 살짝 끓인다.

☑ 디저트 소스를 만들 때 주의할 점

• 차가운 온도에서는 소스 표면이 공기와 접촉하여 막이 생겨 습기를 막으므로 계속 저어주어야 한다.

• 사바용 소스(sabayon sauce)는 소화가 잘되는 홀랜다이즈(hollandaise)를 만드는 것과 마찬가지인데, 달걀 살균시키는 온도 등이 중요하다.

• 소스에 지나치게 많은 알코올을 넣어도 안 되며 시간이 많이 지나면 향기가 없어진다.

2) 디저트에 사용하는 기본적인 크림

(1) 커스터드 크림(Custard Cream)

제과제빵에서 가장 많이 사용하는 기본적인 크림의 하나로, 주된 재료는 우유, 노른자, 설탕, 밀가루 또는 전분 등이고 그 외에 버터, 생크림 등이 쓰이며 풍미제로는 양주류, 바닐라 향 등을 쓰는 것이 일반적이다. 크림 만드는 방법은 노른자와 설탕을 균일하게 혼합한 다음 밀가루 또는 전분을 첨가한다. 우유는 미리 끓기 직전까지 가열하여 놓는다. 바닐라 빈을 사용할 경우 처음부터 우유와 같이 넣는다. 덩어리가 지지 않도록 하며, 버터나 리큐르를 사용한다. 크림을 식힐 때에는 표면에 막이 생기기 때문에 주의한다.

준비 재료

우유	1000g
설탕	130g
노른자	240g
박력분	40g
옥수수 전분	50g
바닐라 빈	1개
버터	20g

만드는 법

❶ 우유에 바닐라 빈을 넣고 끓기 직전까지 데운다.
❷ 설탕에 노른자를 섞고 체 친 박력분, 전분을 넣어서 섞는다.
❸ 데운 우유를 ②와 섞은 후에 다시 불 위에서 호화시킨다.
❹ 불에서 내려 버터를 섞어준다.
❺ 식으면 냉장고에 넣어 보관한다.
❻ 리큐르는 크림 사용 시 넣는 것이 좋다.

(2) 버터 크림(Butter Cream)

버터, 설탕, 노른자 또는 흰자를 넣어 만든 크림으로 버터, 마가린, 쇼트닝 같은 고형지방에 설탕을 넣고 거품을 일으켜 크림상태로 만든 것으로 빵이나 케이크 디저트 등에 사용하며, 풍미와 맛을 높이기 위해서 리큐르, 럼, 초콜릿, 커피 등 다양한 재료를 섞어서 사용한다.

일반적으로 제조법은 설탕을 물에 넣고 가열하여 용해시킨 후 107℃ 정도로 농축시킨 다음 냉각시킨다. 이때 설탕의 결정체가 생기는 것을 방지하기 위해 물엿을 섞기도 한다. 고체 지방은 믹서로 섞어 크림상태로 거품을 올린 후, 냉각시킨 설탕시럽을 조금씩 흘려 넣으면서 계속 젓는다. 마지막에 향료와 양주를 첨가하여 매끈한 크림을 만든다.

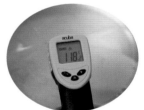

준비 재료

설탕	250g
물	80g
흰자	120g
버터	550g
바닐라 향	소량

만드는 법

❶ 냄비에 물과 설탕을 넣고 끓인다.
❷ 끓기 시작하면 흰자 거품을 올린다.
❸ 시럽이 118℃ 되면 흰자를 저어주면서 부어준다.
❹ 식으면 버터를 넣고 매끈하도록 저어준다.
❺ 바닐라 향을 넣고 저어준다.

(3) 아몬드 크림(Almond Cream)

구워서 먹는 크림의 하나로 타르트의 충전물이나 빵 위에 올리는 토핑으로 쓰인다.

아몬드 크림은 만들어서 그대로는 먹지 않으며, 오븐에서 구워 아몬드의 고소함이 느껴지도록 한다. 아몬드 분말 외에 누아제틴 분말을 추가하면 조금 더 고소한 맛이 난다.

프랑스 제과에서는 기본이라고 할 수 있으며, 다양하게 사용되고 있다.

준비 재료

버터 ···················· 120g
설탕 ···················· 120g
달걀 ···················· 120g
아몬드 분말 ········· 130g
럼주 ···················· 20g
박력분 ················· 10g

만드는 법

❶ 버터를 부드럽게 풀어준 후에 설탕을 넣고 크림화한다.
❷ 달걀을 조금씩 넣으면서 크림화한다.
❸ 체질한 아몬드 분말, 박력분을 넣고 럼주를 섞어 마무리하면 완성된다.

(4) 가나슈(Ganache)

초콜릿 크림의 하나로 끓인 생크림에 초콜릿을 섞어 만든다. 기본 배합은 1 : 1이지만 6 : 4 정도의 부드러운 가나슈도 많이 사용된다. 동물성 생크림과 초콜릿의 기본재료만으로 만든 가나슈에 바닐라 향을 낸 것이 가나슈 바니유(Ganache vanille)이고, 노른자를 더해 풍미를 낸 것이 가나슈 오죄(Ganache auxoeufs), 화이트초콜릿을 쓴 것이 가나슈 블랑슈(Ganache blanche), 캐러멜을 첨가한 것이 가나슈 캐러멜이다. 다양한 리큐르와 커피 등을 첨가하여 케이크, 디저트에 많이 사용한다. 좋은 가나슈는 초콜릿의 향미를 강하게 해주며, 깔끔한 뒷맛을 전달한다.

준비 재료

동물성 생크림 ······ 200g
초콜릿 ················· 200g

만드는 법

❶ 생크림을 끓인다.
❷ 불에서 내려 준비된 초콜릿에 넣고 천천히 섞어준다.
❸ 리큐르 등 다양한 것을 넣고 맛을 낼 수 있다.

06
디저트에 많이 사용하는 도구

거품기

달걀흰자를 휘저어 머랭을 만들거나 노른자를 풀어줄 때, 단단한 유지를 부드럽게 할 때 또는 재료, 소스를 섞을 때, 케이크, 쿠키, 반죽을 섞을 때 등 많이 사용한다.

스텐볼

각종 요리를 비롯하여 베이킹에서 가장 많이 사용하는 것으로 깊이가 깊고 폭이 넓지 않은 것이 사용하기에 좋으며, 반죽을 하거나 재료를 계량할 때, 달걀거품을 올릴 때 등 여러 재료들을 혼합할 때 용기로 사용한다.

저 울

베이킹의 시작은 정확한 계량이다. 1g의 양으로 표시되는 전자저울이 좋으며, 업소용과 작은 가정용이 있다.

나무밀대

길이, 지름이 다양하며 반죽을 밀어 펼 때, 스펀지케이크를 말아서 롤케이크를 만들 때 등 다양하게 사용한다. 나무로 만들어져 있으며 표면이 매끄러운 것이 좋다.

스크레이퍼

스테인리스 제품과 플라스틱 제품이 있다. 반죽을 적당한 크기로 분할하거나 반죽 윗면을 평평하게 고를 때 사용하며, 특히 플라스틱 제품은 볼에 묻은 반죽을 긁어내거나 코팅된 평철판이나 각종 팬에 눌러붙은 것을 제거할 때에 유용하게 사용할 수 있다.

타이머

시간을 체크할 때 사용한다. 오븐에 제품을 넣고 굽는 시간을 체크할 때나 반죽 시간 등 다양하게 사용한다.

계량컵

액체를 부피로 계량할 때 사용하는 것으로서, 액체의 비중에 따라 다르지만, 물은 기본적으로 1㎖가 1g이므로 부피로 계량하면 작업이 간편해지는 이점이 있다. 일반적으로 제과·제빵 시 1000㎖ 짜리 플라스틱으로 된 계량컵을 많이 사용하는데, 손잡이와 따르는 입이 있어서 달걀 등을 조금씩 반죽에 넣을 때 등 유용하게 사용할 수 있다.

모양깍지

여러 가지 모양으로 된 깍지(노즐)로서 오믈렛이나 케이크 등을 장식할때 사용하는 기구이며, 짤주머니에 끼워 사용한다.

파리지엥

조금 큼직큼직하게 푸는 것은 스쿱이라고 하고 디저트 만들 때 과일을 작고 예쁘게 파서 놓을 때 사용한다.

스패튤러(Spatula, Palette Knife)

일자형과 L자형 두 종류가 나와 있으며, 케이크에 잼이나 크림을 바를 때, 케이크에 버터크림, 생크림으로 아이싱을 할 때 사용하며, 보통 8호나 9호 등을 사용한다.

붓(Pastry Brush)

잼, 버터 등을 바르거나 구워진 제품 표면에 달걀물을 칠할 때, 사용할 팬에 기름칠을 할 때, 케이크에 붙어 있는 종이에 물을 칠할 때 등에 사용한다.

나무주걱(Wooden Spatula)

제과 제품의 반죽을 혼합하거나 냄비에 잼 등을 녹일 때 많이 사용한다.

브리오슈팬(Brioche Pan)

브리오슈를 만들기 위한 팬으로 옆면이 비스듬하며 파형무늬가 있는 소형 원형팬이다.

까눌레 황동몰드

조그마한 패스트리까눌레를 만들 때 필요한 몰드이며, 윗부분이 움푹 들어간 조그만 줄무늬 황동틀(약 5cm 크기). 최근에는 실리콘 몰드가 많이 사용되고 있다.

적외선온도계

손이 닿지 않는 곳을 측정할 때 주로 쓰이는 온도계로 물질이 방출하는 적외선 복사에너지가 온도에 따라 달라지는 원리를 이용하여 만들어진 제품. 반죽온도를 체크하거나 소스 및 튀김, 초콜릿 템퍼링 등온도를 맞추어야 할 때 사용한다. 반죽온도를 잴 때에는 온도계의 끝에 손이 닿지 않도록 해야 하며, 다양한 온도계가 있다.

타르트팬(Tart Pan)

파트 쉬크레나 파트 브리제 등의 반죽을 밀어펴서 구울 때 사용하는 얇은 팬으로 팬 옆면에 파형무늬가 있으며, 여러 가지 크기가 있다.

초콜릿 스크래퍼

기계를 사용하지 않고 수작업으로 초콜릿을 템퍼링할 때, 펼쳐진 초콜릿을 한쪽으로 모을 때, 또는 대리석 테이블 윗면에 초콜릿을 긁을 때 사용한다.

실리콘자루주걱

초콜릿을 만들거나 제과류를 반죽할 때 용기부분에 묻어있는 반죽을 긁어줄 때 많이 사용한다.

체(Sieve)

고운체는 밀가루 등 가루 재료를 체칠 때 사용하며, 성근체는 빵가루를 낼 때 사용한다. 밀가루를 체로 치면 이물질이 제거되고 공기가 함유되어 빵이 부푸는 것을 도와준다. 스테인리스나 플라스틱으로 된 작은 체는 분당 등을 제품 표면에 고루 뿌릴 때 사용한다.

초콜릿용 포크(Chocolate Fork)

한입 크기의 초콜릿과자를 만들 때 사용하는 포크로서, 초콜릿을 입히거나 코코아 가루를 묻힐 때, 혹은 금속망 위에 굴려서 각지게 만들거나, 초콜릿을 씌운 과자 표면에 여러 가지 모양을 새길 때 필요하다.

달콤한 디저트

Gateau Au Chocolat

가토 쇼콜라

가토 쇼콜라 재료

다크초콜릿	250g
버터	150g
노른자	8개
설탕	100g
박력분	150g
코코아	75g
베이킹파우더	10g
흰자	8개
설탕	240g

만드는 방법

1. 다크초콜릿, 버터를 중탕으로 녹인다.

2. 노른자에 설탕(100g)을 넣고 거품을 올린다.

3. 녹인 초콜릿 버터를 노른자에 섞는다.

4. 박력분, 코코아, 베이킹파우더를 체 쳐서 섞는다.

5. 흰자, 설탕(240g)을 사용해 머랭을 만들어 넣고 반죽한다.

6. 150℃에서 20~25분간 굽는다.

Persimmon Simiru

감 시미루

감 시미루 재료

감	3개
곶감	1개
꿀	50g
호두	20g
애플민트	3개
딸기, 망고, 멜론	

만드는 과정

1. 호두를 오븐에 살짝 구워 놓는다.

2. 감 껍질을 벗긴다.

3. 고운체에 내려준다.

4. 꿀을 넣고 섞어준다.

5. 글라스에 채워 냉동실에 넣어 살짝 얼린다.

6. 먹을 수 있는 시간에 맞춰 미리 꺼내어 해동시킨다.

7. 곶감을 반으로 자른 다음 씨를 제거하고 호두를 넣어서 말아준다.

8. 곶감을 자른 다음 장식한다.

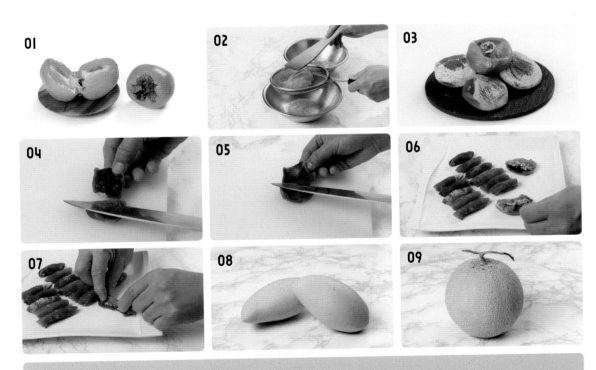

시미루(Simiru)

망고, 멜론, 파인애플 등의 과일에 시미루(타피오카)를 넣은 '후르츠 시미루'는 여러 가지 이름으로 홍콩과 중국 광동을 비롯해 동남아시아 여러 나라에서 맛볼 수 있는 인기 디저트 음료다.

Sweet Potato Mont-Blanc
고구마 몽블랑

고구마 크림 재료

고구마 ············· 500g

꿀 ····················· 50g

생크림 ············· 100g

버터 ··················· 50g

만드는 과정

1. 고구마를 푹 찐다.

2. 뜨거울 때 껍질을 벗기고 버터, 꿀을 넣고 덩어리가 없도록 으깬다.

3. 생크림을 넣고 섞어준다.

밤 크림 재료

밤 페이스트 ········ 500g

럼 ···················· 50g

버터 ················· 125g

생크림 ·············· 100g

만드는 과정

1. 밤 페이스트에 버터 럼을 넣고 저어서 크림화시킨다.

2. 생크림을 조금씩 넣으면서 부드럽게 해준다.

3. 준비된 몰드에 고구마 크림을 채운다.

4. 밤 크림을 짤주머니에 담아서 짜준다.

몽블랑(Mont-Blanc)

알프스의 최고봉인 몽블랑을 본떠서 만든 케이크로 밤 페이스트, 생크림 럼 등을 사용해서 만든다. 밤의 진한 맛과 스위스 머랭의 바삭함이 잘 어울리는 디저트이다. 보통 스펀지 케이크를 사용하지만 여러 가지 변화를 주어 특별한 디저트를 만들 수도 있다.

몽블랑은 밤 페이스트를 얇은 국수 모양으로 짠 것이 특징으로, 유럽보다는 일본에서 다양한 제품이 개발되어 많이 판매되고 있다.

MEMO

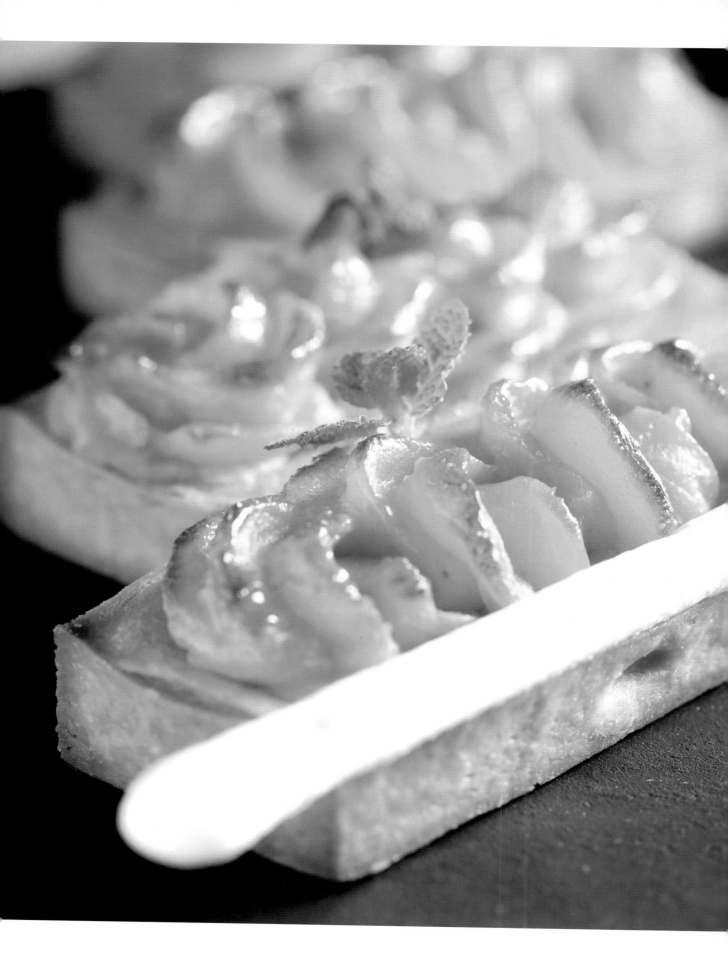

Sweet Potato Tart

고구마 타르트

슈거도 재료

설탕 ···················· 100g
버터 ···················· 200g
박력분 ················· 300g
달걀 ···················· 1개

만드는 과정

1. 버터를 부드럽게 해준다.

2. 설탕을 넣고 저어준다.

3. 달걀을 넣고 저어준다.

4. 체 친 밀가루를 넣고 반죽한다.

5. 반죽을 비닐에 싸서 냉장고에 넣는다.

6. 반죽을 밀어서 팬에 올리고 모양을 낸다.

7. 포크로 구멍을 내고 냉장고에서 휴지시킨다.

8. 오븐온도 185~190℃에서 20~25분간 굽는다.

9. 짤주머니에 고구마 크림을 넣어서 타르트 비스킷에 짜준다.

10. 달걀노른자를 바르고 오븐온도 220℃에서 색깔이 날 때 꺼낸다.

11. 식으면 꿀을 바르고 장식한다.

고구마 크림 재료

고구마 ················· 500g

꿀 ························· 50g

생크림 ················· 100g

버터 ···················· 50g

만드는 과정

1. 고구마를 푹 찐다.

2. 뜨거울 때 껍질을 벗기고 버터 꿀을 넣고 으깬다.

3. 덩어리가 있지 않도록 생크림을 조금씩 넣으면서 크림화시킨다.

타르트(Tart)

타르트는 얇은 원형이나 사각형 등의 다양한 틀에 파트 브리제(pate brisee, 반죽형 파이 반죽) 등의 반죽을 깔고 과일이나 크림을 채워서 구운 과자를 말한다. 프랑스어로는 타르트, 이탈리아어로는 토르타라고 하며, 영국과 미국에서는 타트라는 명칭으로 부르고 있다. 타르트는 모두 똑같지 않고 나라마다 반죽과 모양이 약간씩 다르며, 소형의 타르트는 타르틀레트(tartelet)라고 한다.

MEMO

Fruit Temptation
과일 템테이션

과일 템테이션 재료

딸기 아이스크림 · 1스쿱

바닐라 아이스크림 1스쿱

녹차 아이스크림 · 1스쿱

파인애플, 딸기, 멜론

만드는 과정

1. 글라스를 미리 냉동고에 넣어 놓는다.

2. 과일을 준비한다.

3. 과일을 글라스 바닥에 조금 넣는다.

4. 아이스크림을 올린다.

5. 위쪽에 과일과 식용 꽃을 올린다.

TIP

과일을 준비하여 좋아하는 소스에 넣고 섞어서 과일쿨리로 만들어서 아이스크림에 올리고 다양한 견과류를 구워서 곁들여도 된다.

아이스크림 만드는 법

기본적으로 우유, 생크림, 유제품에 당류 및 향료, 그 밖의 부재료를 혼합하여 균질화시키고 살균, 냉각 및 숙성을 거쳐 휘저어서 공기를 함유시킨 다음, 동결시키는 과정을 거쳐서 만든다. 만드는 방법은 크게 자가제조적인 유럽식과 공업적 제조법의 미국식이 있는데, 유럽식은 달걀노른자, 생크림 등을 사용하여 동결될 때까지 충분히 이겨 만듦으로 호화로운 맛이 특징이고, 미국식은 유제품의 특성을 살리고 영양적인 면을 중시하여 깨끗하며, 양적으로 쉽게 먹을 수 있는 품질로 만드는 것이 특징이다. 우리나라에서 유럽식은 고급 레스토랑이나 호텔 등에서 직접 만들고 있으며, 미국식은 아이스크림 공장에서 대량생산되어 전국적으로 보급되고 있다.

Fruit Pavlova

과일 파블로바

파블로바 재료

흰자 ···················· 100g

설탕 ···················· 100g

레몬즙 ················· 10g

옥수수 전분 ········· 10g

추가 준비 재료

딸기, 체리, 블루베리, 키위,

화이트초콜릿 ······ 100g

만드는 과정

1. 흰자 거품을 올린다.

2. 설탕을 넣어 주면서 단단한 머랭을 만든다.

3. 레몬즙을 넣고 섞어준다.

4. 전분을 체 쳐서 넣고 섞어준다.

5. 오븐온도 120℃에서 40~50분간 굽는다.

6. 화이트초콜릿을 녹여서 머랭에 바른다.

7. 머랭 위에 커스터드 크림을 올린다.

8. 과일을 잘라서 올린다.

커스터드 크림 재료

우유	450g
버터	30g
노른자	4개
설탕	110g
박력분	55g
소금	1g
바닐라 빈	1개
그랑 마르니에	15g

만드는 과정

1. 바닐라 빈 껍질 한 면을 자른 다음, 씨를 발라서 껍질과 같이 우유에 넣고 약한 불에서 끓기 직전까지 데운다.
2. 노른자에 설탕, 소금을 넣고 저어준다.
3. 체 친 밀가루를 섞어준다.
4. 데운 우유를 2~3번에 나누어 넣으면서 섞어준다.
   (바닐라 빈 껍질은 제거해준다.)
5. 다시 불 위에 올려 되직한 상태까지 거품기로 저어준다.
6. 불에서 내린 후 조금 있다가 버터를 넣고 섞어준다.
7. 완전히 식으면 그랑 마르니에를 섞어준다.

Fruit Pavlova

파블로바(Pavlova)

파블로바는 호주를 대표하는 국민 디저트로 1920년대 유명한 러시아 무용수인 안나 파블로바가 호주와 뉴질랜드를 여행할 때 그녀를 기념하기 위해 만들어진 디저트로 유명하며, 안나 파블로바의 이름을 따서 만들어진 파블로바는 쉽게 말해 머랭 케이크다. 흰자를 거품 내어 머랭을 만든 후에 오븐에서 구워 겉은 바삭하고 속은 부드러운 디저트다. 커스터드 크림이나 생크림 등 다양한 과일을 올려서 만들며, 완성된 파블로바의 형태는 발레리나 춤을 닮은 듯 자연스럽고 형식적인 느낌이 없이 손이 가는대로 만들면 된다.

Cannele

까눌레

까눌레 재료

유유 ······················· 400g

버터 ······················· 32g

바닐라 빈 ··············· 1개

달걀 ······················· 72g

노른자 ···················· 40g

설탕 ······················· 130g

박력분 ···················· 70g

아몬드파우더 ········ 30g

럼 ·························· 20g

추가재료

버터 ······················· 100g

꿀 ·························· 100g

만드는 법

1. 냄비에 우유, 버터, 바닐라 빈 씨를 발라낸 껍질과 함께 불을 약하게 해서 뜨겁게 데운다. 끓기 직전까지 데운다.

2. 볼에 달걀과 노른자를 풀어준다.

3. 설탕을 넣고 섞어준다.

4. 데운 우유를 반 정도 섞는다.

5. 체 친 밀가루와 아몬드파우더를 넣고 섞어준다.

6. 남은 우유를 넣고 섞어준다.

7. 럼을 섞어준다.

8. 고운체에 반죽을 걸러서 하루 동안 휴지시킨다.

9. 전자레인지에 버터를 녹여서 꿀과 섞어준다.

10. 꿀과 섞은 버터를 까눌레 몰더에 바르고 반죽을 가득 채운다.

11. 오븐온도 190~195℃에서 40~50분간 굽는다.

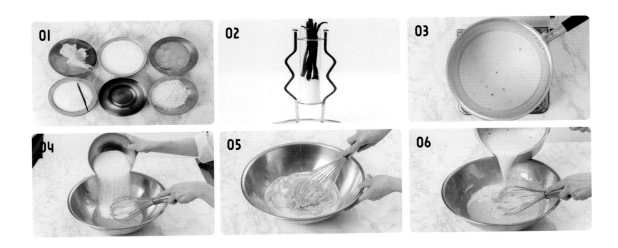

까눌레(Cannelé)

까눌레는 프랑스 감성의 고급디저트로, 동틀에 밀랍을 코팅해 만들어져 겉은 바삭하고 속이 촉촉한 것이 특징이다. 럼과 바닐라 향이 은은하게 코를 매혹시키는 가운데 바삭하고 쫄깃한 겉감과 폭신한 안감으로 침샘을 자극하며, 최근에는 망고, 녹차, 모카, 코코넛, 치즈 등 다양한 맛을 내는 까눌레가 나오고 있다.

MEMO

New York Cheesecake

뉴욕 치즈 케이크

뉴욕 치즈 케이크 재료

크림치즈 ·············· 675g

설탕 ··················· 130g

노른자 ················ 2개

달걀 ···················· 1개

바닐라 빈 ············ 1개

생크림 ················ 50g

사워크림 ············· 50g

다이제스트 ········· 300g

버터 ···················· 50g

흰자 ···················· 30g

만드는 과정

1. 다이제스트를 잘게 으깬다.

2. 으깬 과자에 흰자와 버터를 녹여서 넣고 섞어준다.

3. 몰드 바닥에 펴서 눌러준다.

4. 크림치즈, 설탕, 바닐라 빈을 넣고 저어준다.

5. 치즈가 부드럽게 되면 달걀노른자를 넣고 저어준다.

6. 생크림, 사워크림을 넣는다.

7. 몰드에 반죽을 채워서 중탕으로 굽는다.

8. 160℃에서 50~70분 동안 굽는다.

　(제품 크기에 따라서 굽는 시간이 다르다.)

뉴욕 치즈 케이크는 크림치즈를 듬뿍 넣고 만든 치즈 케이크로 치즈 맛이 진하고 치즈 향이 강하게 나는 것이 특징이며, 특유의 살짝 톡 쏘는 풍미를 느낄 수 있다. 크림치즈와 사워크림, 달걀, 설탕을 주재료로 하여 기호에 따라서 바닐라, 레몬을 첨가하여 만들며, 구워서 마무리하거나 차게 해서 굳힌 것도 있다. 치즈는 오래전부터 식생활에 깊숙이 파고들어 있었기 때문에 이것을 사용한 케이크가 많이 만들어졌다. 이미 그리스시대에 치즈를 이용한 타르틀레트가 있었으며 프랑스의 가토 오 프로마주, 타르트오 프로마주, 독일의 케제 토르테, 케제 쿠헨이 대표적인 치즈 케이크이다.

MEMO

Carrot Cake
당근 케이크

당근 케이크 재료

박력분	200g
베이킹파우더	2g
소금	2g
계핏가루	4g
달걀	120g
설탕	200g
올리브오일	100g
당근	200g
호두분태	100g
크랜베리	70g

만드는 과정

1. 달걀, 설탕, 소금을 섞고 거품을 올려 준다.
2. 박력분, 베이킹소다, 베이킹파우더, 시나몬파우더를 같이 체 친다.
3. 당근을 채 칼에 체 친다.
4. 크랜베리와 호두를 같이 섞어 놓는다.
5. ①의 거품이 다 올라오면 올리브오일을 섞어준다.
6. 가루 재료를 천천히 넣으며 섞어준다.
7. 당근, 크랜베리, 호두 순서대로 재료를 넣어 섞어준다.
   (호두는 구워서 사용)
8. 준비된 몰드에 종이를 깔고 반죽을 70% 채운다.
9. 오븐온도 170~180℃/170℃에서 25~30분간 굽는다.

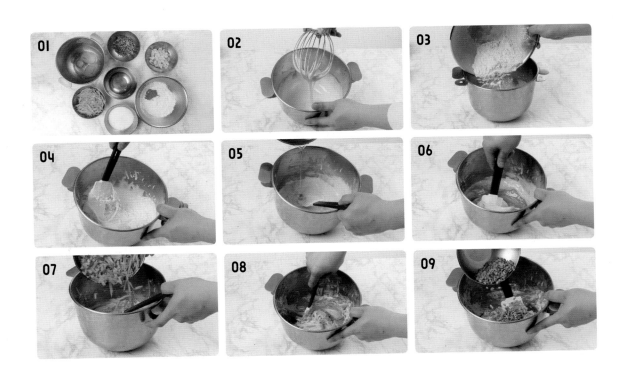

치즈크림 재료

크림치즈 ·············· 225g

슈거파우더 ··········· 50g

레몬주스 ·············· 10g

동물성 생크림 ······ 200g

버터 ····················· 50g

만드는 과정

1. 부드러운 상태의 크림치즈에 버터, 슈거파우더를 넣고 저어준다.

2. 레몬주스를 넣고 저어준다.

3. 생크림을 휘핑하여 섞어준다.

4. 시트에 시럽을 바르고 치즈크림으로 샌드한다.

5. 큰 사각 팬에 구운 다음 식혀서 반으로 자르고 시트에 시럽을 바르고 크림을 샌드하여 몰드를 이용하여 원하는 크기로 찍거나 잘라서 만든다.

MEMO

Strawberry Nougat Parfait

딸기 누가 파르페

누가 파르페 재료

설탕	25g
흰자	75g
물	75g
믹서필	50g
아몬드 브리틀	65g
생크림	300g
딸기	200g

만드는 과정

1. 설탕과 물을 냄비에 올려 끓인다.(118℃)

2. 흰자 거품을 올린다.

3. 흰자에 설탕시럽을 천천히 넣어 이탈리안 머랭을 만든다.

4. 머랭이 식으면 생크림을 휘핑하여 섞는다.

5. 믹서필, 아몬드 브리틀을 넣고 섞어준다.

6. 준비된 몰드에 채워서 냉동실에 넣는다.

7. 글라스에 딸기를 예쁘게 넣고 휘핑한 생크림을 짜준다.

8. 누가 파르페를 자른 다음 올린다.

기타 재료

딸기 ⋯⋯⋯⋯⋯ 300g

생크림 ⋯⋯⋯⋯ 200g

설탕 ⋯⋯⋯⋯⋯ 20g

아몬드 브리틀 재료

설탕 ⋯⋯⋯⋯⋯ 150g

물 ⋯⋯⋯⋯⋯⋯ 50g

아몬드 ⋯⋯⋯⋯ 70g

만드는 과정

1. 아몬드를 오븐에서 살짝 구워 놓는다.

2. 냄비에 설탕과 물을 넣고 끓인다.

3. 시럽 색깔이 브라운색이 되면 아몬드를 섞어준다.

4. 실리콘 패드에 부어서 넓게 펴서 굳힌다.

5. 잘게 깨어서 반죽에 넣거나 장식물로 사용한다.

MEMO

Strawberry Dream
딸기 드림

딸기 드림 재료

딸기 아이스크림 · 1스쿱

딸기 ···················· 200g

애플민트, 동물성

생크림 ···············100g

설탕 ················· 10g

피스타치오 ··········· 1개

초콜릿 장식물········ 1개

만드는 과정

1. 딸기를 흐르는 물에 씻는다.

2. 딸기를 반으로 자른다.

3. 준비된 볼에 딸기를 예쁘게 넣는다.

4. 딸기 아이스크림을 1스쿱 떠서 놓는다.

5. 생크림에 설탕을 넣고 휘핑하여 올린다.

6. 애플민트를 올린다.

TIP

딸기에 약간의 슈거파우더를 뿌리고 취향에 맞는 리큐르를 뿌려서 섞어 만들면 딸기의 달콤한 맛과 리큐르의 향을 느낄 수 있다.

아이스크림의 역사

아이스크림(ice cream)은 1550년경에 이탈리아에서 최초로 만들어져 유럽 각국으로 전해진 것으로 알려져 있다. 그 당시에는 얼음의 결정입자가 컸으므로 현재의 셔벗과 같은 것이었다. 실제로 크림에 달걀노른자와 감미료를 섞고 휘저으면서 냉동시켜, 현재와 같이 결정입자가 섬세하고 차고 부드러운 제품이 만들어지기 시작한 것은 1774년 프랑스 루이 왕가(王家)의 요리사가 처음인 것으로 전해지고 있다. 처음에는 이것을 크림아이스라 불렸으나, 그 후 크림 외에 우유의 수분을 감축시킨 농축유, 연유 등이 사용되게 되고 냉동제조기계가 진보함으로써 공업적 생산이 발달하게 되었다. 우리나라에서는 1970년대에 빙과제조업이 본격화되어 오늘날의 수준에 달하게 되었다. 세계적으로는 미국에서 가장 많이 생산된다.

Strawberry Romanoff

딸기 로마노프

딸기 로마노프 재료

딸기 ····························· 300g

슈거파우더 ····················· 30g

그랑 마르니에 ··············· 20g

동물성 생크림 ············· 200g

설탕 ····························· 20g

만드는 과정

1. 딸기를 깨끗하게 씻는다.

2. 딸기에 슈거파우더를 뿌린다.

3. 그랑 마르니에를 넣고 섞어준다.

4. 글라스에 생크림을 휘핑하여 조금 넣는다.

5. 글라스에 딸기를 예쁘게 넣는다.

6. 생크림을 휘핑하여 조금 짠다.

7. 딸기를 채운다.

8. 휘핑한 생크림을 짜고 데커레이션한다.

Strawberry Basket
딸기 바스킷

바스킷 반죽

슈거파우더 ········ 100g

흰자 ··················· 100g

버터 ···················· 100g

박력분 ·············· 100g

추가재료

딸기 ···················· 200g

동물성 생크림 ····· 100g

설탕 ····················· 10g

만드는 과정

1. 부드러운 버터에 슈거파우더를 넣어서 저어준다.

2. 흰자를 2~3회 나누어서 넣고 섞어준다.

3. 체 친 밀가루를 넣고 섞어 반죽을 하고 비닐을 덮어 냉장고에서
휴지시킨다.

4. 팬에 반죽을 놓고 고무주걱으로 얇게 펴서 오븐에서 굽는다.
(오븐온도 190~200℃)

5. 색깔이 예쁘게 나면 오븐에서 꺼내어 모양을 접는다.

6. 접시에 바스킷을 넣는다.

7. 충전물 딸기를 예쁘게 채운다.

8. 생크림을 휘핑하여 올리고 머랭 스틱으로 장식한다.

9. 캐러멜 소스를 만들어 식혀서 생크림에 섞어 캐러멜 크림을 올려
도 맛있다.

Strawberry Eclair

딸기 에클레르

파트 아 슈 재료

물 ················· 125g

버터 ················ 75g

박력분 ·············· 75g

달걀 ················ 3개

소금 ················ 1g

딸기 ················ 200g

만드는 과정

1. 냄비에 물, 소금, 버터를 넣고 끓인다.

2. 불 위에서 체 친 밀가루를 넣고 충분히 저어준다.

3. 불에서 내려 달걀을 2~3번에 나누어 넣으면서 저어준다.

4. 달걀의 크기에 따라서 농도가 다를 수 있다. 주걱으로 반죽이 뚝 뚝 떨어지는 정도가 적당하다.

5. 짤주머니에 원형 깍지를 끼우고 반죽을 채워서 짜준다.

6. 반죽 윗면에 물을 뿌리고 오븐에서 굽는다. (200/210℃)

7. 껍질 윗면을 자르고 크렘 파티시에 크림을 채운 다음 딸기를 올린다.

크렘 파티시에 재료

우유 ·················· 450g

버터 ·················· 30g

노른자 ··············· 4개

설탕 ·················· 110g

박력분 ··············· 55g

소금 ·················· 1g

바닐라 빈 ············· 1개

그랑 마르니에 ········ 15g

만드는 과정

1. 바닐라 빈 껍질 한 면을 자른 다음 씨를 발라서 껍질과 같이 우유에 넣고 약한 불에서 끓기 직전까지 데운다.

2. 노른자에 설탕, 소금을 넣고 저어준다.

3. 체 친 밀가루를 섞어준다.

4. 데운 우유를 2~3번에 나누어 넣으면서 섞어준다.
   (바닐라 빈 껍질은 제거해준다.)

5. 다시 불 위에 올려 되직한 상태까지 거품기로 저어준다.

6. 불에서 내린 후 조금 있다가 버터를 넣고 섞어준다.

7. 완전히 식으면 그랑 마르니에를 섞어준다.

에클레르(Eclair)

에클레르는 프랑스어로 '번개'라는 뜻으로 슈의 표면에 바른 퐁당 쇼콜라가 빛에 반사해서 번개처럼 빛난다고 해서 붙여진 명칭이다. 또한 '매우 맛있어서 번개처럼 먹는다'는 뜻으로 표현되기도 한다. 19세기 프랑스에서 시작된 에클레르는 길게 구운 버터 슈(choux)에 커스터드 크림이나 휘핑크림, 커피크림, 초콜릿크림, 다양한 종류의 과일을 이용한 과일크림 등으로 속을 채운 뒤 표면에 퐁당 쇼콜라, 초콜릿 등을 입힌 것이다. 여기에 다양한 과일이나 꽃잎 등으로 장식하면 에클레르가 완성된다.

MEMO

Strawberry Yogurt Granola

딸기 요거트 그래놀라

그래놀라 재료

오토밀 ················· 224g

해바라기씨 ·········· 42g

아몬드 ··············· 84g

호박씨 ··············· 42g

드라이 살구 ········ 100g

크랜베리 ············· 80g

꿀 ···················· 168g

설탕 ··················· 55g

버터 ··················· 28g

바닐라 향 ··········· 소량

만드는 과정

1. 오토밀, 해바라기씨, 아몬드, 호박씨를 오븐에 살짝 굽는다.

2. 드라이 살구는 잘게 자른다.

3. 냄비에 꿀, 설탕, 버터, 바닐라 향을 넣고 녹인다.

4. 녹은 시럽에 구워놓은 모든 것과 살구 크랜베리를 넣고 섞어준다.

5. 실리콘 패드 위에 펴서 오븐온도 185℃에서 10~12분간 굽는다.

6. 식혀서 손으로 잘게 부순다.

7. 준비된 글라스에 플레인 요거트를 조금 넣는다.

8. 그래놀라를 넣고 과일을 올린다.

그래놀라(Granola)

그래놀라는 아침 요리로 많이 나오며, 커피블랙 타임, 간식에 먹는 것으로 오트밀과 보리, 현미, 옥수수 등을 중심으로 한 곡물가공품과 드라이 과일, 견과류 등을 설탕, 꿀, 메이플 등 시럽에 섞어서 오븐에 구운 것을 말한다. 오븐에 구울 때는 중간에 몇번씩 저어줌으로써 한 덩어리가 되지 않도록 해야 하며, 오븐에서 나온 후 식게 되면 먹는데 불편함이 없도록 작은 덩어리로 분쇄한다. 여름에는 습도가 높기 때문에 소량씩만 만들어 놓고 사용하는 것이 좋다.

MEMO

Strawberry Chocolate

딸기 초콜릿

딸기 초콜릿 재료

딸기 ····················· 300g

커버추어
다크초콜릿 ········· 300g

커버추어
화이트초콜릿 ······· 100g

만드는 과정

1. 딸기를 흐르는 물에 씻는다.

2. 딸기에 묻어있는 물기를 제거한다.

3. 템퍼링한 초콜릿에 딸기를 찍는다.

4. 녹인 화이트초콜릿을 뿌려준다.

커버추어 초콜릿(Couverture Chocolate)

카카오버터 함유량이 많은 고급 초콜릿으로, 수제 초콜릿을 만들 때 주로 사용된다. 카카오버터 함유량이 30% 이상으로 프랑스어로는 쿠베르튀르 쇼콜라라고 한다. 코코넛유, 팜유 등의 식물성 유지나 정제가공유지가 전혀 들어 있지 않고, 순수 카카오버터만이 함유되어 있다.

가나슈, 봉봉 등 수제 초콜릿과 초콜릿 케이크, 초콜릿 장식 등을 만드는 재료로 사용된다. 템퍼링(tempering) 온도조절을 통해 카카오버터 안에 들어 있는 지방산들을 서로 붙여 결정을 만드는 작업으로, 초콜릿의 식감이나 광택, 구용성, 스냅성 등을 높여준다.

Strawberry Pot
딸기 화분

치즈크림 재료

크림치즈 ············· 150g

슈거파우더 ·········· 50g

버터 ····················· 20g

동물성 생크림 ······· 20g

오레오 쿠키 ········· 100g

만드는 과정

1. 치즈와 버터를 충분히 풀어준다.

2. 슈거파우더를 넣고 섞어준다.

3. 생크림을 휘핑하여 섞어준다.

4. 준비된 몰드에 스펀지를 깔아준다.

5. 치즈크림을 반 채운다.

6. 스펀지를 넣어준다.

7. 치즈크림을 채우고 위에 오레오 쿠키를 깔아준다.

8. 딸기를 올린다.

스펀지 재료

달걀	300g
설탕	150g
물엿	30g
박력분	140g
우유	50g
버터	40g

스펀지 만드는 과정

1. 달걀, 설탕, 물엿을 넣고 중탕하여 설탕 입자를 녹여 준다.

2. 설탕이 다 녹으면 믹서로 거품을 올려 준다.

3. 박력분을 체 친 후 넣고 반죽한다.

4. 우유와 버터를 같이 녹여서 넣고 가볍게 섞어준다.

5. 팬에 팬닝하여 오븐온도 200℃/160℃에서 10~12분간 굽는다.

MEMO

Raspberry Granita
라즈베리 그라니타

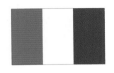

라즈베리 그라니타 재료

라즈베리 퓌레	300g
설탕	100g
물	200g
레몬	1개

만드는 과정

1. 라즈베리 퓌레에 물과 설탕을 넣고 저어준다.

2. 레몬즙을 내어서 섞어준다.

3. 설탕의 입자가 없이 다 녹으면 냉동실에 넣는다.

4. 휘퍼를 이용하여 가끔 저어준다.

5. 글라스는 미리 냉동실에 넣어 두고 필요시 꺼내어 사용한다.

라즈베리(Raspberry)

라즈베리는 쌍떡잎식물 장미목 장미과 나무딸기류의 낙엽관목으로 잔가시가 있으며, 줄기는 대체로 곧게 서 있다. 잎은 어긋나고, 꽃은 흰색으로 피며, 꽃잎과 꽃받침은 5개이다. 열매는 크고 단단하여 무르지 않는 것이 좋으며, 익은 열매는 꽃턱에서 잘 떨어진다. 유럽산과 북아메리카산 등 여러 종이 있으며 열매를 먹기 위하여 재배한다. 유럽에는 불가투스(Rubus idaeus var. vulgatus), 미국에서는 스트리고수스(R. i. var. strigosus)와 옥시덴탈리스(R. i. var. occidentalis)를 주로 재배하며, 열매 색깔에 따라 레드 라즈베리, 블랙 라즈베리, 퍼플 라즈베리로 나뉘는데, 대부분 붉은색 열매가 열리는 레드 라즈베리를 재배하고 있다.

Raspberry Panna Cotta
라즈베리 판나코타

판나코타 재료

생크림 ················ 330g

설탕 ····················· 45g

젤라틴 ···················· 4g

바닐라 빈 ·············· 1개

레몬 ······················· 1개

아마레또 리큐르 ···· 20g

만드는 과정

1. 냄비에 생크림 설탕, 레몬 제스트, 바닐라 빈을 넣고 80~85℃까지 데운다.

2. 젤라틴을 얼음물에 불려 물기를 제거한 후 넣고 저어준다.

3. 반죽이 식으면 리큐르를 넣는다.

4. 준비된 몰드에 채워서 냉장고에 넣는다.

5. 라즈베리 소스에 라즈베리를 넣고 꿀리를 만들어 올린다.

라즈베리 소스 재료

산딸기 퓌레 ········ 200g

물 ····················· 100g

설탕 ···················· 100g

물 ······················ 30g

전분 ····················· 4g

라즈베리 ············· 300g

만드는 과정

1. 산딸기 퓌레에 설탕, 물을 넣고 끓인다.

2. 물에 전분을 섞어서 저어가면서 조금씩 부어준다. 끓을 때까지 저어준다.

3. 식으면 고운체에 내려 볼에 담아서 냉장고에 넣어 놓고 사용한다.

판나코타(Panna Cotta)

생크림, 설탕, 바닐라, 젤라틴을 재료로 하여 만든 달콤하고 부드러운 푸딩으로, 이탈리아 피에몬테 지방의 전통 푸딩이다. 판나코타(pannacotta)의 '판나(panna)'는 이탈리아어로 '크림(cream)'을, '코타(cotta)'는 '익힌(cooked)'을 뜻하므로 즉, 판나코타는 '익힌 크림'이라는 의미이다. 판나코타는 개인의 취향에 따라 다양한 과일, 오렌지 소스, 라즈베리 소스, 캐러멜 소스, 커피 소스 등을 곁들여 먹을 수 있다.

MEMO

Lemon Granita
레몬 그라니타

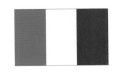

레몬 그라니타 재료

레몬 ·················· 2개
설탕 ·················· 120g
물 ···················· 600g

만드는 과정

1. 레몬을 깨끗이 씻는다.

2. 레몬 제스트를 낸다.

3. 반으로 잘라서 즙을 짜낸다.

4. 고운체에 걸러준다.

5. 볼에 물, 설탕, 레몬 제스트, 레몬즙을 넣고 휘퍼로 저어준다.

6. 냉동실에 넣어 놓고 휘퍼로 가끔 한 번씩 저어준다.

7. 글라스에 스푼으로 떠 놓는다.

그라니타(Granita)

그라니타는 딸기, 레몬, 라임 등의 과일에 설탕, 와인(샴페인), 얼음을 넣고 간 슬러시이다. 이것은 시칠리아 섬에서 유래된 반건조 디저트의 일종으로 프랑스어로는 그라니테(granité)라고 한다. 그라니타는 라임, 레몬, 그레이프 후르츠 등의 과일에 설탕과 와인 또는 샴페인을 넣은 혼합물을 얼려서 만든 이탈리아식 얼음과자로서, 일반적으로 얼리는 과정에서 과립형의 질감을 유지하기 위해 자주 저어준다. 그라니타라는 명칭은 재료로 쓰는 과일의 당도가 낮아 얼리는 동안 얼음 결정체가 많이 생겨 그 모습이 마치 투명한 석영 결정체가 박혀있는 반짝거리는 화강암(granite)을 닮았다고 하여 붙여진 이름이다. 소르베(sorbet)는 당도가 높고 입자가 고운 반면, 그라니타는 신맛과 톡 쏘는 맛이 강하고 입자가 크다.

Lemon Meringue Tart

레몬 머랭 타르트

파트 사브레 재료

버터 ·················· 350g

설탕 ·················· 180g

달걀 ····················· 1개

박력분 ·············· 530g

베이킹파우더 ········· 6g

만드는 과정

1. 상온에 둔 부드러운 버터에 설탕을 넣고 주걱으로 섞어준다.

2. 달걀을 2~3회에 나누어서 넣으면서 저어준다.

3. 체 친 박력분과 베이킹파우더를 넣고 주걱으로 가볍게 섞어준다.

4. 완성된 반죽을 비닐에 싸서 평평하게 만들어 냉장고에서 휴지시킨다.

5. 휴지시킨 반죽을 꺼내어 밀어서 타르트 크기에 맞게 자른다.

6. 자른 반죽을 타르트 틀에 넣고 모양을 만들어 준다.

7. 유산지 종이를 깔고 쌀 또는 콩, 팥을 넣고 오븐온도 200℃에서 굽는다.

8. 오븐에서 타르트 껍질 부분이 색깔나면 꺼내어 채운 내용물을 제거하고 다시 오븐에 넣어서 색깔을 고르게 낸다.

레몬 크림 재료

설탕	75g
노른자	100g
레몬주스	100g
젤라틴	2g

만드는 과정

1. 노른자와 설탕을 섞어 놓는다.

2. 레몬주스를 끓여 노른자에 넣고 크렘 앙글래즈를 만든다.

3. 크림이 뜨거울 때 얼음물에 불린 젤라틴을 넣고 저어준다.

4. 구워놓은 타르트 비스킷에 화이트초콜릿을 바른다.

5. 레몬 크림을 비스킷에 채운다.

6. 이탈리안 머랭을 올리고 토치로 색깔을 낸다.

이탈리안 머랭

흰자 ···················· 120g

설탕(A) ················ 70g

물 ························· 60g

물엿 ···················· 80g

설탕(B) ·············· 100g

만드는 과정

1. 물, 물엿, 설탕(B)을 118℃까지 끓여 준다.

2. 흰자와 설탕(A)을 넣고 거품을 올린다.

3. 머랭에 설탕시럽을 천천히 넣어 이탈리안 머랭을 만든다.

  ※ 레몬의 상큼한 맛과 버터의 고소한 맛, 설탕의 단맛이 어우러진 종합선물세트 같은 타르트이다. 레몬의 끝맛이 입안을 깔끔하게 정리해 준다.

레몬 머랭 타르트(Lemon Meringue Tart)

머랭의 부드러운 맛과 레몬의 상큼한 맛이 어우러져 있는 타르트. 먹기 전에 전해지는 레몬 향은 마음까지 시원하게 느껴지게하고 부드러운 머랭의 촉감은 입안에서 사르르 녹는다. 충전물로 사용되는 레몬 크림은 타르트 안에서 굳은 상태로 제공되어야 제 맛을 낼 수 있는데, 신맛이 강하기 때문에 일반적으로 이탈리안 머랭을 위에 올려서 장식한다.

Lemon Cup Cake

레몬 컵 케이크

레몬 컵 케이크 재료

박력분 ················· 200g

설탕 ····················· 200g

버터 ····················· 150g

달걀 ······················· 4개

노른자 ··················· 2개

레몬 ······················· 1개

크림치즈 ··············· 60g

베이킹파우더 ········· 8g

생크림 ················· 300g

만드는 방법

1. 달걀에 설탕을 넣고 거품을 올린다.

2. 레몬 껍질을 벗겨 다진다. 레몬주스를 같이 사용한다.

3. 버터와 크림치즈를 섞어 부드럽게 해준다.

4. 레몬 제스트와 즙을 ③에 넣고 섞어준다.

5. 밀가루와 베이킹파우더를 체 쳐서 ①에 넣고 반죽한다.

6. ③을 ⑤에 넣고 반죽한다.

7. 짤주머니에 반죽을 담아서 몰드에 85% 채운다.

8. 오븐온도 182~185℃에서 20~25분간 굽는다.

9. 생크림을 휘핑하여 다양하게 짜준다.

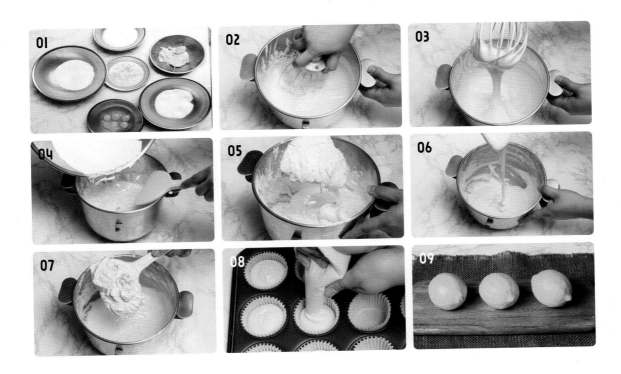

Lemon Crackle Cookies

레몬 크랙쿠키

레몬 크랙쿠키 재료

레몬 ····················· 2개

버터 ····················· 60g

설탕 ····················· 95g

달걀 ····················· 2개

레몬주스 박력분 ·· 260g

소금 ····················· 2g

베이킹파우더 ·········· 6g

추가재료

설탕, 슈거파우더

만드는 과정

1. 버터에 설탕과 소금을 넣고 크림화시킨다.

2. 달걀을 하나씩 넣고 저어준다.

3. 레몬 제스트와 레몬주스를 넣고 저어준다.

4. 박력분과 베이킹파우더를 체 친 후 섞어준다.

5. 냉장고에서 휴지시킨다.

6. 팬에 실리콘 패드를 깔아준다.

7. 반죽을 떠서 둥글게 만든 다음 흰자를 바른다.

8. 설탕을 묻힌 다음 다시 슈거파우더에 굴려서 팬에 놓는다.

9. 오븐온도 180℃에서 15~20분간 굽는다.

쿠키(미국 Cookie, 영국 Biscuit)

쿠키는 영국의 플레인 번, 미국의 작고 납작한 비스킷 또는 케이크, 프랑스의 푸르 세크(four sec) 그리고 독일의 게베크(Geb-äck)에 해당하는 건과자이다. 번(bun)이란 베이킹파우더와 같은 화학팽창제나 이스트 발효를 이용하여 부풀린 과자이다. 흔히 미국에서 말하는 쿠키는 영국에서 비스킷이라 불린다. 일본에서 비스킷은 수분과 지방 함량이 낮은 밀가루 위주의 건과자를 말하며 쿠키는 밀가루 위주의 비스킷류와, 수분과 지방 함량이 비스킷보다 높은 건과자와 마카롱 머랭 푀이타주까지 포함된다.

MEMO

Lamington

레밍턴

스펀지 재료

달걀	10g
노른자	200g
설탕	320g
꿀	40g
물엿	20g
박력분	260g
우유	80g
버터	90g
바닐라 향	소량

미리 준비해 놓기

1. 달걀은 실온상태가 되도록 냉장고에서 꺼내 30분 이상 둔다.

2. 버터는 녹여서 준비한다.

3. 준비한 팬에 유산지를 깐다.

만드는 과정

1. 볼에 달걀 전란과 노른자를 먼저 풀어준다.

2. 설탕, 물엿, 바닐라 향을 넣고 거품을 올린다.

3. 체 친 박력분을 넣고 섞어준다.

4. 녹인 버터와 우유를 가볍게 빨리 섞어준다.

5. 베이킹 페이퍼를 깐 사각 몰드에 반죽을 붓고 표면을 평평하게 정리해 예열한 175℃ 오븐에서 40~45분간 굽는다.
(몰드 크기에 따라서 굽는 시간이 달라진다.)

6. 구워 나온 스펀지를 정사각형 모양으로 자른다.

7. 스펀지를 용기에 담아서 랩으로 싸서 냉동실에 넣어서 단단하게 만든다.

8. 포크로 스펀지를 찍어서 초콜릿 소스에 담갔다가 빼서 코코넛파우더에 굴린다.

초콜릿 소스 재료

슈거파우더 ········· 250g

버터 ····················· 10g

물 ························· 110g

코코아파우더 ········ 20g

초콜릿 소스 만드는 과정

1. 냄비에 슈거파우더, 물, 버터를 넣고 냄비 가장자리에 기포가 올라올 때까지 끓인 뒤 불에서 내린다.

2. 코코아를 넣고 풀어준다.

3. 고운체로 걸러준다.

산딸기 소스 재료

슈거파우더 ········ 220g

산딸기 퓌레 ········· 20g

버터 ····················· 7g

물 ······················· 90g

기타재료

코코넛 가루 ········ 300g

산딸기 소스 만드는 과정

1. 모든 재료를 넣고 끓인다.

2. 고운체에 걸러준다.

레밍턴(Lamington)

호주의 전통적인 레밍턴 디저트는 스펀지 케이크를 실수로 초코시럽에 빠뜨려 처음 만들어진 디저트이다. 스펀지 케이크, 또는 카스텔라를 큐브 형태로 자른 다음 딸기 소스, 망고 소스, 녹차 소스 등 다양한 종류의 소스를 코팅하고 코코넛을 묻혀서 만든다.

Mango Jelly
망고 젤리

망고 젤리 재료

물 ·························· 700g
설탕 ······················ 120g
망고 퓌레 ··········· 260g
크레아갈 ··············· 20g

만드는 과정

1. 냄비에 물, 설탕을 넣고 끓인다.

2. 크레아갈을 넣고 저어준다.

3. 망고 퓌레를 넣고 섞어준다.

4. 식힌 다음 팬에 랩을 깔고 부어서 냉장고에 넣는다.

5. 스푼으로 긁어서 글라스에 담는다.

Mango Cup Cake
망고 컵 케이크

망고 컵 케이크 재료

버터 ····················· 200g

설탕 ····················· 250g

달걀 ····················· 3개

박력분 ·················· 350g

베이킹파우더 ········ 10g

망고 퓌레 ··········· 150g

생크림 ················· 300g

만드는 방법

1. 설탕, 버터를 부드럽게 해준다.

2. 달걀을 한 개씩 넣으면서 저어준다.

3. 밀가루, 베이킹파우더를 체 쳐서 넣고 반죽한다.

4. 망고 퓌레를 넣고 섞는다.

5. 머핀 틀에 85% 정도 짜준다.

6. 오븐온도 180~185℃에서 25~30분간 굽는다.

7. 생크림을 휘핑하여 다양한 모양으로 크림을 짜준다.

Midori

미도리

미도리 재료

멜론·························· 1개
월계수 잎 ············· 1장
레몬·························· 1개
미도리 리큐르······ 120g
시럽·························· 550g

만드는 과정

1. 설탕 150g, 물 400g, 레몬 껍질, 월계수 잎을 넣고 끓여서 식힌다.

2. 멜론을 반으로 자른 다음, 과일 파는 스푼(parisienne, 파리지엔)을 이용하여 둥글게 파낸다.

3. 시럽과 미도리 리큐르를 섞어준다.
   (색깔과 맛을 보고 미도리 리큐르로 조절한다.)

4. 준비된 글라스에 멜론 볼을 넣는다.

5. 미도리 시럽을 알맞게 넣어준다.

미도리(Midori)

일본의 산토리가 허니듀 멜론을 이용해 만든 리큐어의 한 종류이며, 증류주에 향초나 과실 등의 성분을 넣어 달콤한 향과 맛을 내는 술이다. 1971년 국제 칵테일 챔피언십이 열리는 동안 도쿄에 있는 산토리 본사를 방문한 국제 바텐더 협회단이 방문 기간 동안 산토리의 허니듀 멜론 술의 독특한 맛과 색깔에 관심을 보이면서 세계대회에 내보낼 술로 개발하기 시작했다. 이후 수년 간의 개발을 거쳐, 1978년 일본 산토리사에 의해 뉴욕의 스튜디오 54의 파티에서 출시되었다. 미국바텐더대회(US Bartender Guild Annual Competition)에서 최우수상을 수상하면서 인기를 얻기 시작했으며, 그 이후 호주와 유럽, 아시아 등 수많은 나라에서 출시되었다. '미도리' 명칭은 일본말로 녹색 '초록'이라는 뜻으로, 멜론을 넣어 만든 술의 색깔을 의미하여 지어졌다.

Banana Split
바나나 스프릿

바나나 스프릿 재료

바나나 ·················· 1개

바닐라

아이스크림 ········ 1스쿱

딸기 아이스크림 · 1스쿱

초코 아이스크림 · 1스쿱

동물성 생크림 ······ 100g

설탕 ················· 10g

설탕 장식물

만드는 과정

1. 아이스크림 담을 용기는 미리 냉동실에 넣어둔다.

2. 세 가지 아이스크림을 준비한다.

3. 종류별로 1스쿱씩 넣는다.

4. 바나나 껍질을 벗기고 반으로 자른 다음 아이스크림에 놓는다.

5. 생크림에 설탕을 넣고 휘핑하여 올린 다음 소스를 뿌린다.

TIP

아이스크림 위에 다양한 종류의 소스를 뿌려서 먹으면 색다른 맛을 느낄 수 있으며, 바나나를 캐러멜화하여 아이스크림 위에 올려서 먹기도 한다.

아이스크림(Ice Cream)

크림을 주원료로 하고 각종 유제품, 설탕, 향료, 유화제, 안정제 및 색소 등 여러 가지 재료를 첨가하여 동결한 빙과의 하나로 영양가가 높고 공기를 균일하게 혼합하여 부드러운 것이 특징이며, 서양요리 디저트로 만들어졌으나 오늘날에는 케이크 등 다양한 기호품으로 더 많이 이용되고 있다. 영양가도 높아 고지방의 것은 100g 당 열량이 200 kcal 정도로, 간식, 디저트, 환자식, 유아식 등으로 사랑을 받고 있다. 1967년의 국제낙농규격(IDF)안에 의하면 유지방분이 8% 이상 함유되어 있는 것은 아이스크림이라 하고, 유지방분이 3% 이상 함유된 것은 밀크아이스로 부르게 되어 있다. 우리나라의 「식품위생법」에 의하면 유지방 6% 이상을 아이스크림, 2% 이상을 아이스밀크로 규정하고 있다.

Banana Fritters

바나나 프리터

바나나 프리터 재료

만두피 ·············· 10장

바나나 ·············· 2개

황설탕 ············· 100g

박력분 ············· 100g

우유 ··············· 100g

슈거파우더 ······ 적당량

만드는 방법

1. 박력분을 체 친 후 우유를 섞어 반죽한다.

2. 바나나를 자른다.

3. 자른 바나나를 황설탕에 굴려준다.

4. 만두피에 반죽을 조금 바르고 바나나를 올려서 말아준다.

5. 적정한 기름온도에 넣고 갈색이 나도록 튀긴다.

6. 접시에 놓고 슈거파우더를 뿌려준다.

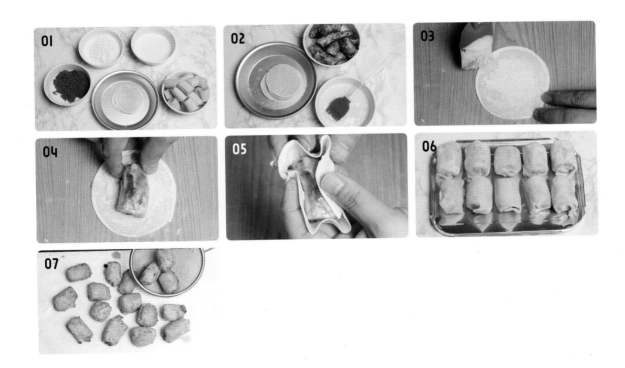

Baklava

바클라바

바클라바 재료

필로 페이스트리 ·· 20장	
호두분태 ············· 120g	
피스타치오 ········· 100g	
아몬드 ·················· 60g	
황설탕 ················· 100g	
크랜베리 ············· 100g	
계피파우더 ············· 1g	
버터 ···················· 190g	
레몬 ······················· 1개	

만드는 과정

1. 냉동실에서 필로를 꺼내어 해동시킨다.

2. 호두, 피스타치오, 아몬드를 오븐에 살짝 굽는다.

3. 버터를 녹인다.

4. 구운 호두, 피스타치오, 아몬드를 잘게 자른 다음, 크랜베리, 계피 파우더, 설탕, 레몬, 체스트, 레몬주스를 섞어 버무려 둔다.

5. 팬 위에 필로도우를 한 장 깔아준다.

6. 녹인 버터를 바른 다음 한 장 올리고 버터를 바르고 또 한 장 올리고 반복하여 8장 올린다.

7. 버터 바른 필로 페이스트리 위에 준비된 충전물을 뿌려준다.

8. 둥글게 말아준다.

9. 버터를 바르고 오븐온도 200℃에서 20~25분간 굽는다. (색깔이 나면 꺼낸다.)

10. 알맞은 크기로 자른다.

11. 시럽을 많이 바르고 레몬 껍질이나 피스타치오를 장식한다.

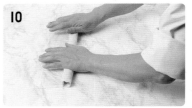

바클라바 시럽 재료

설탕	250g
물	180g
꿀	100g
레몬	1개
시나몬 스틱	1개

만드는 과정

1. 설탕, 물, 꿀, 시나몬 스틱, 레몬 제스트, 레몬 반 자른 다음 넣고 끓인다.

2. 레몬과 시나몬 스틱을 꺼내고 식힌다.

바클라바(Baklava)

바클라바는 결혼식이나 파티, 축제에서 흔히 볼 수 있는 터키 디저트이며, 주로 커피나 차와 함께 먹는다. 겹으로 쌓은 필로(filo) 도우에 버터를 바르고 견과류를 듬뿍 넣고 구워서 달콤한 시럽을 뿌려 만든 단맛의 페이스트리. 기원전 8세기 앗시리아 제국에서 얇게 늘린 반죽을 겹으로 쌓고 사이사이에 호두를 넣어 만든 빵에서 유래되었으며, 오스만 제국의 궁중에서 필로(filo) 만드는 기술을 개발하면서부터 바클라바는 오늘날과 같은 모습으로 만들어졌으며, 가정에서도 냉동 필로를 구매하여 반죽 사이에 버터를 바르고 기호에 따라서 아몬드, 호두, 마카다미아, 피스타치오, 캐슈넛 등 다양한 견과류를 사용하여 쉽게 만들 수 있다.

MEMO

Bermuda Sunset Cup

버뮤다 썬셋

버뮤다 썬셋 재료

베일리스 소스

호두 ····················· 30g

망고 셔벗 ·········· 1스쿱

라즈베리 셔벗 ····· 1스쿱

애플민트 ················ 1개

초콜릿 장식물 ········ 1개

라즈베리 소스

만드는 과정

1. 글라스는 미리 냉동실에 넣어 놓는다.
2. 물 100ml와 설탕 100ml를 끓여 식힌 다음 베일리스 소량을 넣고 맛을 낸다.
3. 호두를 오븐에 살짝 구워 놓는다.
4. 글라스에 셔벗을 1스쿱씩 떠 놓는다.
5. 베일리스 소스를 뿌려준다.
6. 호두를 넣는다.
7. 라즈베리 소스를 뿌리고 장식한다.

TIP

셔벗과 곁들이는 견과류는 호두뿐만 아니라 아몬드, 피칸, 피스타치오 등 다양하게 사용할 수 있다. 견과류는 반드시 구워서 사용한다.

셔벗(Sherbet)

프랑스에서는 소르베(sorbet)라고 하며, 영어로는 셔벗이라 한다. 그리고 소르베를 거칠게 긁어서 사용하는 이탈리아 디저트 그라니떼(granite)가 있다. 이것은 과즙과 물, 설탕, 리큐르(liqueur) 등을 섞어서 만든 얼음과자를 말하는데, 아이스크림과 다른 점은 달걀과 유지방을 사용하지 않는다는 것이다. 셔벗은 대체로 생선 코스 다음에 제공되어 소화와 입맛을 돋워주며, 종류로는 레몬 셔벗, 오렌지 셔벗, 녹차 셔벗, 샴페인 셔벗, 라즈베리 셔벗 등이 있다.

Baked Alaska

베이크드 알래스카

화이트 스펀지 재료

박력분 ················ 250g

설탕 ················· 250g

달걀 ················· 400g

소금 ················· 2g

바닐라 향 ·········· 소량

버터 ··············· 50g

추가재료

바닐라 아이스크림, 과일

만드는 과정

1. 믹싱 볼에 달걀을 풀어준 후 설탕, 소금을 넣고 거품을 낸다.

2. 박력분을 체 쳐서 뭉치지 않도록 고루 섞어준다.

   ※ 거품기로 반죽을 떠서 떨어뜨려 보았을 때 점성이 생겨 간격을
두고 떨어지면, 저속으로 바꾸어 정지시켰을 때 거품기 자국이
천천히 없어질 때가 적당하다. 이때 반죽은 광택이 나고 힘이
생긴다.

3. 중탕으로 용해시킨 버터에 일부 반죽을 혼합한 후 본 반죽에 투입
하여 가볍게 혼합하여 반죽을 완료한다.

4. 원형 팬에 종이를 깔고 반죽을 60~70%까지 팬닝한다.

5. 오븐온도 175℃에서 20~25분간 굽는다.

이탈리안 머랭 재료

흰자 ······················ 120g

설탕(A) ·················· 70g

물 ·························· 60g

물엿 ······················ 80g

설탕(B) ·················· 100g

만드는 과정

1. 물, 물엿, 설탕(B)을 118℃까지 끓여 준다.

2. 흰자와 설탕(A)을 넣고 거품을 올린다.

3. 머랭에 설탕시럽을 천천히 넣어 이탈리안 머랭을 만든다.

4. 이탈리안 머랭 만드는 법 p.119 참조

베이크드 알래스카 디저트 만들기

1. 모양 틀을 이용하여 스펀지를 둥글게 찍어서 바닐라 아이스크림을 싸준다.

2. 이탈리안 머랭을 올려서 별 모양 깍지를 이용하여 짜준다.

3. 토치를 이용하여 데커레이션한다.

베이크드 알래스카(Baked Alaska)

베이크드 알래스카는 스펀지 케이크를 얇게 자른 후 아이스크림을 얹고 머랭(meringue)으로 싸서 살짝 구운 디저트를 말한다. 특히 구워낸 과자 속에 아이스크림이 들어 있어 먹는 사람에게 빙설로 뒤덮인 알래스카를 구웠다는 의미를 갖는 명칭이다.

MEMO

Bokbunja Jelly

복분자 젤리

복분자 젤리 재료

물 720g

설탕 120g

복분자 엑기스 260g

크레아갈 20g

*크레아갈은 해초로부터 추출한 천연물로 만들어진 겔화제이다.

만드는 과정

1. 냄비에 물, 설탕을 넣고 끓인다.

2. 크레아갈을 넣고 저어준다.

3. 복분자를 넣고 섞어준다.

4. 식힌 다음 팬에 랩을 깔고 부어서 냉장고에 넣는다.

5. 굳으면 스푼으로 긁어서 글라스에 담는다.

젤리(Jelly)

젤리는 젤라틴, 한천, 알긴산 등의 콜로이드성 응고제를 넣어 굳힌 디저트로 다양한 과일 주스, 설탕, 샴페인, 와인 등의 재료를 사용하여 만들 수 있으며, 완성된 제품의 산도(pH)는 2.8~3.3의 범위가 바람직하다. 완전한 젤리는 표면이 반짝거리는 광택을 가지며, 색은 양호하고 용기에서 꺼냈을 때 원형을 유지하여 부서지지 않는 상태가 되어야 한다. 원료 과일의 풍미와 식감을 가지고 있는 것이 중요하다. 현대의 젤리는 여름 상온에서 녹기 쉬운 상태 즉 수분에 3% 정도의 젤라틴을 섞어 만드는 것이 좋다.

Blueberry Cookie

블루베리 쿠키

블루베리 쿠키 재료

버터 ···················· 140g

설탕 ···················· 60g

박력분 ··············· 300g

베이킹파우더 ········ 14g

생크림 ················ 150g

달걀 ···················· 60g

냉동 블루베리 ······· 30g

드라이 블루베리 ·· 100g

만드는 과정

1. 건조 블루베리는 럼에 전처리해 놓는다.

　(하루 전에 건조 블루베리와 럼을 섞어서 랩으로 싸놓는다.)

2. 버터, 설탕을 섞어준다.

3. 박력분과 베이킹파우더를 체 친 후 ①에 넣고 천천히 섞어준다.

4. 달걀과 생크림을 반죽에 천천히 넣어 섞어준다.

5. 냉동 블루베리와 건조 블루베리를 넣고 섞어준다.

6. 비닐로 싸서 냉장고에 넣고 휴지시킨다.

7. 80g씩 분할하여 둥글리기한 다음 실리콘 패드 위에 팬닝한다.

8. 짤주머니에 토핑 반죽을 담아서 짜준다.

9. 오븐온도 185℃에서 18~23분간 굽는다.

토핑 재료

생크림 ·············· 100g

설탕 ··················· 400g

만드는 과정

1. 볼에 설탕과 생크림을 넣고 가볍게 섞는다.

MEMO

Apple Ppaseu
사과 빠스

사과 빠스 재료

사과 ······················· 1개
흰자 ······················· 1개
전분 ····················· 100g
박력분 ··················· 100g
설탕 ····················· 400g
버터 ······················· 50g
식용유 ··············· 적당량

만드는 방법

1. 사과를 껍질을 벗기고 8등분으로 자른다.

2. 사과를 흰자에 넣고 섞어준 다음 가루를 묻힌다.

3. 물에 가루 묻힌 사과를 넣었다가 빼서 다시 가루를 묻힌다.
(2회 반복한다.)

4. 적정한 기름온도에 살짝 튀겨준다.

5. 설탕을 약한 불 위에 올려 녹인다.

6. 튀긴 사과를 녹인 설탕에 넣고 섞은 다음 얼음물에 넣었다가 건져
낸다.

7. 녹인 버터를 살짝 바른다.

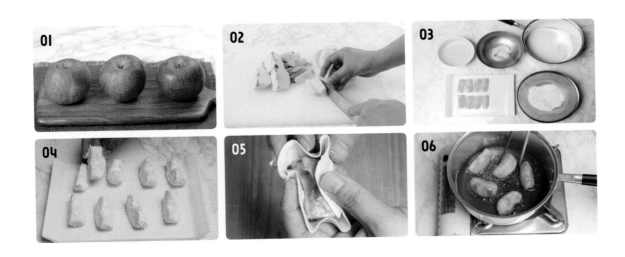

Apple Compote
사과 콩포트

사과 콩포트 재료

사과	500g
바닐라 빈	1개
설탕	200g
물	300g
시나몬 스틱	1개
레몬	1개
물	20g
전분	4g

만드는 과정

1. 사과 껍질을 벗기고, 4등분하여 씨를 제거한다.

2. 다시 잘라서 12조각이 나오게 한다.

3. 볼에 물, 설탕, 레몬 껍질, 시나몬 스틱, 바닐라 빈을 넣고 끓인다.

4. 충분히 끓여 레몬, 계피, 바닐라 향이 나게 한다.

5. 물 20g에 전분 4g을 섞어서 넣고 농도가 조금 있게 만든다.

6. 사과를 넣고 조금 부드러울 때까지 조린다.

7. 식혀서 냉장고에 보관하며, 필요 시 사용한다.

8. 콩포트는 갓 만든 상태에서 따뜻하게 먹어도 좋으며 냉장고에 보관하여 차갑게 먹기도 한다.

콩포드(Compote)

과일을 설탕시럽에 조린 것으로 따뜻하거나 차갑게 먹는 프랑스의 전통 디저트이며, 호텔에서는 아침식사에 디저트로 많이 세팅되고 있다. 프랑스어 콩포트는 복합체라는 뜻을 가진 라틴어 '콤포시툼(compósitum)'에서 파생되었다. 17세기 프랑스에서 만들어진 것으로 추정되며, 과거에는 콩포트를 높은 굽이 달린 그릇에 담기 때문에 그 그릇 또한 콩포트라 하였다. 현재는 프랑스뿐 아니라 다른 유럽 국가들이나 미국, 북아메리카 등 전 세계적으로 인기가 높다. 콩포트를 만드는 데 쓰이는 과일은 통조림 과일을 포함하며 사과, 서양배, 백도(白桃), 오렌지, 블루베리 등이 쓰이는데, 특히 프랑스에서는 다양한 건조 과일을 활용한 콩포트가 유명하며, 여기에는 일반적으로 알코올이 첨가된다. 과일 콩포트의 맛을 더하기 위하여 바닐라 빈, 레몬, 오렌지 껍질, 계피, 정향을 사용한다.

Strawberry Mousse

산딸기 무스

산딸기 무스 재료

산딸기 퓌레	300g
젤라틴	6g
생크림	200g
이탈리안 머랭	200g
딸기 리큐르	10g

만드는 과정

1. 산딸기 퓌레를 뜨겁게 데운다.

2. 찬물에 불린 젤라틴을 넣고 섞어준다.

3. 퓌레가 식으면 생크림을 80% 휘핑을 하여 2~3회 나누어서 가볍게 섞어준다.

4. 이탈리안 머랭을 식혀서 2회 나누어 가볍게 섞는다.

5. 딸기 리큐르를 넣고 가볍게 섞어준다(제품의 색깔을 강하게 내고자 할 때는 산딸기 내추럴 믹서를 조금 첨가한다).

6. 준비된 몰드나 글라스에 산딸기를 3~5개 넣고 반죽을 채운다.

7. 산딸기 글라사주를 만들어 코팅하거나 글라스 윗면에 조금 올린다.

이탈리안 머랭

설탕 ····················· 180g

물 ······················· 70g

흰자 ····················· 90g

이탈리안 머랭 만드는 과정

1. 냄비에 물 70g, 설탕 150g을 끓여 118℃까지 조린다.

2. 흰자 거품에 설탕 30g을 넣고 머랭을 만든다.

3. 조린 시럽을 머랭에 천천히 부어준다.

산딸기 글라사주

나파주 ················· 70g

산딸기 퓌레 ········ 150g

물 ······················· 150g

설탕 ····················· 20g

산딸기 글라사주 만드는 과정

1. 전 재료를 넣고 끓인 다음 고운체에 걸러서 사용한다.

무스(Mousse)

거품상태의 가벼운 과자. 과일, 초콜릿 등 부드러운 퓌레상태로 만든 재료에 거품을 올린 생크림 또는 흰자를 첨가해 가볍게 부풀린 과자. 원래 무스란 '거품'을 뜻하는 프랑스어이다. 완성된 무스는 표면이 마르기 쉬우므로 젤리나 글라사주를 씌운다. 흔히 무스를 가리켜 미루아르(miroir, 거울)라고도 하는데 그 이유는 무스 윗면에 젤리나 글라사주의 광택이 얼굴을 비출 정도이기 때문이다. 무스의 종류는 과일에 따라서 매우 다양하며, 커피 무스, 녹차 무스, 초콜릿 무스 등이 있다.

Souffle Cheesecake

수플레 치즈 케이크

수플레 치즈 케이크 재료

크림치즈 ············· 200g

버터 ····················· 20g

슈거파우더 ··········· 20g

소금 ························· 1g

달걀 ······················ 2개

생크림 ··················· 70g

사워크림 ··············· 90g

레몬 ······················ 1개

전분 ····················· 20g

설탕 ····················· 40g

만드는 과정

1. 다이제스트를 밀대로 잘게 으깬다.

2. 으깬 과자에 녹인 버터와 흰자를 넣고 섞어준다.

3. 준비된 몰드 바닥에 과자를 넣고 밀대로 눌러준다.

4. 사워크림, 레몬주스를 넣고 섞어준다.

5. 전분을 체 친 후 섞어준다.

6. 흰자와 설탕으로 머랭을 만들어 두 번에 나누어 섞어준다.

7. 준비된 몰드에 채우고 중탕하여 오븐온도 160℃에서 25~30분간 굽는다.

다이제스트 재료

다이제스트 ········· 300g

버터 ···················· 50g

흰자 ···················· 50g

만드는 과정

1. 다이제스트를 잘게 으깬다.

2. 으깬 과자에 흰자와 버터를 녹여서 넣고 섞어준다.

3. 준비된 몰드 바닥에 과자를 넣고 눌러준다.

MEMO

Almond Rocher

아몬드 로쉐

아몬드 초콜릿 재료

아몬드 ················ 200g

다크초콜릿 ········· 300g

만드는 방법

1. 아몬드를 오븐에 구워서 식힌다.

2. 초콜릿을 중탕하여 녹인다.(45~47℃)

3. 초콜릿을 차가운 물에 중탕하여 온도를 내린다.(26~27℃)

4. 다시 온도를 올려 30~32℃에서 구운 아몬드를 넣고 포크로 섞어서 유산지 위에 떠놓는다.

Almond Chocolate Chip Biscotti

아몬드 초코칩 비스코티

아몬드 초코칩 비스코티 재료

버터 ···················· 120g

설탕 ···················· 250g

달걀 ···················· 2개

소금 ······················ 2g

박력분 ················· 380g

아몬드파우더 ········· 60g

베이킹파우더 ··········· 2g

홀 아몬드 ··········· 150g

초코칩 ·················· 70g

바닐라 향 ··········· 소량

만드는 과정

1. 버터, 설탕, 소금을 부드럽게 해준다.

2. 달걀을 나누어 넣으면서 저어준다.

3. 밀가루, 베이킹파우더, 아몬드파우더를 체 친 후 넣고 반죽한다.

4. 홀 아몬드와 초코칩을 섞어준다.

5. 한 덩어리로 뭉쳐서 길게 성형한다.

6. 175℃에서 20~30분간 굽는다.

7. 완전히 식으면 얇게 자른다.

8. 팬에 놓고 185℃ 오븐에서 15~20분간 굽는다.
　　중간에 뒤집어 준다.

비스코티 쿠키(Biscotti Cookie)

비스코티는 이탈리아어로 '두 번 굽는다'라는 의미로 사용되며, 영국에서는 비스킷(biscuit)이라 하고 미국에서는 쿠키(cookie)라고 한다. 비스킷 반죽을 오븐에서 한번 통째로 구운 다음, 식혀서 다시 길쭉한 모양으로 잘라 구워 먹는 바삭바삭한 식감의 이탈리아 아몬드 비스킷이다.

Almond Tuile Layer
아몬드 튀일 레이어

아몬드 튀일 재료

버터 ······················· 90g

슈거파우더 ········· 120g

흰자 ······················· 90g

박력분 ··············· 105g

슬라이스 아몬드 ···· 75g

추가 준비 재료

딸기 ······················ 100g

산딸기 ················· 100g

동물성 생크림 ······ 200g

화이트초콜릿 ······· 200g

설탕 ························· 20g

애플민트 식용 꽃

만드는 과정

1. 상온에 둔 버터에 슈거파우더를 섞어준다.

2. 흰자를 조금씩 넣어주면서 저어준다.

3. 체 친 밀가루를 넣고 섞어준다.

4. 냉장고에서 휴지시킨 후 사용한다.

5. 둥근 원 안에 반죽을 넣고 얇게 펴준다.

6. 아몬드를 뿌려준다.

7. 오븐온도 180℃에서 5~7분간 가열시킨 후 갈색 색깔이 나면 꺼 낸다.

8. 화이트초콜릿을 녹여서 아몬드 튀일에 붓으로 발라준다.

9. 튀일 위에 휘핑한 생크림을 짜고 딸기나 산딸기를 올린다.

10. 산딸기 소스를 이용하여 데커레이션한다.

튀일(Tuile)

튀일은 견과류 아몬드가 울퉁불퉁하게 박힌 기왓장 모양의 프랑스 과자 프티 프르 세크의 하나로 밀가루, 아몬드 슬라이스, 설탕, 흰자를 넣고 섞은 반죽을 얇고 둥글게 만들어 구워서 식기 전에 틀에 붙여 모양을 내거나 케이크, 디저트 장식물로 사용하며, 크림을 넣고 샌드하여 디저트로 만들기도 한다.

MEMO

Apple Strudel
애플 슈트루델

애플 슈트루델 반죽 재료

강력	250g
설탕	10g
소금	5g
버터	12g
달걀	50g
우유	100g
노른자	20g

추가재료

슈거파우더

만드는 과정

1. 전 재료를 넣고 반죽한다.

2. 반죽이 매끈할 때까지 반죽한다.

3. 100g씩 분할하여 올리브오일을 바르고 랩으로 싸서 냉장고에 넣는다.

사과 필링 재료

사과	3개
크랜베리	70g
계피파우더	2g
레몬주스	4g
살구혼당	70g
케이크 스펀지 가루	200g

만드는 과정

1. 사과 껍질을 벗긴다.

2. 사과를 잘게 슬라이스하여 자른다.

3. 볼에 사과, 계피파우더, 레몬주스, 크랜베리, 살구혼당을 넣고 섞어준다.

바닐라 소스 재료

우유 ················ 380ml

설탕 ···················· 55g

달걀노른자 ·········· 2개

바닐라 스틱 ·········· 1개

만드는 과정

1. 우유에 반으로 갈라 긁은 바닐라 빈을 넣고 불에 올려 끓기 직전 까지 데운다.

2. 큰 자루냄비에 노른자와 설탕을 넣고 거품기로 섞어 크림농도가 되게 젓는다(2~3분).

3. ②에 따뜻한 우유의 반을 부어주며 빠르게 섞은 뒤 다시 우유 냄 비에 붓고 불에 올린다.

4. 나무주걱으로 저으며 85~90℃의 온도가 될 때까지 익혀 농도가 되면 내려서 빨리 얼음물 위에 올리고 저어주며 식힌다.

5. 가능하면 식은 뒤 바로 냉장고에 넣어야 하며, 빠른 시간 내에 사 용하는 것이 좋다.

애플 슈트루델 만드는 과정

1. 반죽을 밀대로 밀어 편다.

2. 손등으로 늘려서 최대한 얇게 한다.

3. 버터를 녹여서 바른다.

4. 케이크 스펀지를 바닥에 깔아준다.

　(카스텔라, 스펀지 케이크 등 굵은체에 내려서 사용)

5. 충전물을 올리고 말아준다.

6. 반죽 윗면에 버터를 바른다.

7. 오븐온도 210℃에서 20~25분간 굽는다.

8. 오븐에서 굽기 시작하여 색깔이 나면 중간에 한두 번 버터를 바른다.

9. 식힌 다음 잘라서 접시에 올리고 바닐라, 소스, 슈거파우더를 뿌린다.

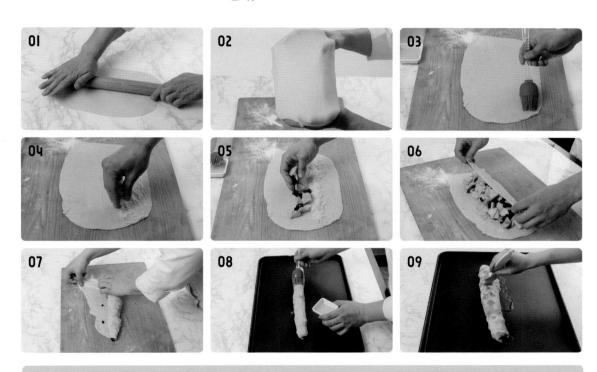

압펠슈트루델(Apfelstrudel)

압펠슈트루델은 사과를 위주로 한 충전물을 싸서 구운 슈트루델. 종이장처럼 얇은 페이스트리 안에 버터를 녹여서 바르고 사과와 건포도, 시너먼 등을 채워 구운 파이의 한 종류로 오스트리아의 대표적인 디저트이다.

압펠슈트루델(apfelstrudel)은 독일어로 "사과"라는 뜻의 '아펠(apfel)'에 "얇게 늘인 반죽에 과일을 말아 구운 페이스트리"를 뜻하는 '슈트루델(strudel)'이 붙어서 완성된 이름으로 사과를 넣어 만든 슈트루델을 의미한다. 독일 어디에서나 볼 수 있는 디저트이며, 우리나라에서도 바닐라 소스와 함께 많이 이용되고 있는 디저트이다.

Apple Cobbler

애플 코블러

애플 코블러 재료

설탕 ···················· 150g

버터 ···················· 150g

물엿 ···················· 20g

박력분 ··············· 250g

베이킹파우더 ·········· 4g

추가재료

버터 ···················· 30g

만드는 과정

1. 볼에 설탕, 물엿, 버터를 넣고 부드럽게 저어서 크림화시킨다.

2. 박력분과 베이킹파우더를 체 친 후 섞어준다.

3. 두 손으로 가볍게 비벼준다.

(소보로를 만드는 것처럼 한다.)

충전물 재료

사과 ···················· 2개

크랜베리 ·············· 70g

계핏가루 ·············· 2g

황설탕 ················· 50g

전분 ···················· 10g

럼 ······················ 30g

레몬 ···················· 1개

버터 ···················· 20g

만드는 과정

1. 크랜베리와 럼을 섞어서 미리 전처리해 놓는다.

2. 사과 껍질을 벗기고 깍둑썰기한 뒤 황설탕과 전분, 계핏가루, 레몬즙을 넣고 섞는다.

3. 전처리한 크랜베리를 섞어준다.

4. 준비된 볼에 버터를 바르고 충전물을 채운다.

5. 만들어 놓은 파이 크림을 뿌려준다.

6. 오븐온도 175~180℃에서 20~25분간 갈색이 날 때까지 굽는다.

코블러(Cobbler)

코블러는 과일 파이의 종류 중 하나다. 깊은 그릇에 과일을 담아서 구운 디저트로 그 위에 설탕 뿌린 두꺼운 비스킷을 얹은 것이다. 포도주나 럼, 위스키 등의 술에 과일 주스와 설탕을 섞어 만든 전통적인 펀치로 박하와 귤 조각으로 장식한다.

MEMO

Egg Tart
에그 타르트

타르트 껍질 재료

박력분	375g
물	125g
소금	2g
버터	250g
설탕	15g

만드는 과정

1. 테이블 위에 박력분을 체 친다.
2. 버터를 넣고 스크레이퍼로 버터를 잘게 자르며 피복시킨다.
3. 찬물에 설탕, 소금을 넣고 저어서 녹인 다음 부어준다.
4. 한 덩어리가 되도록 뭉쳐서 납작하게 하여 비닐에 싸서 냉장고에 넣고 휴지시킨다.
5. 반죽을 꺼내어 밀어서 3절 접기를 하여 냉동고에서 휴지시킨다.
6. 반죽을 3~4mm 밀어서 몰드로 찍어 몰드에 넣고 형태를 만든다.
7. 필링을 90% 채워서 180℃에서 30~35분간 굽는다.

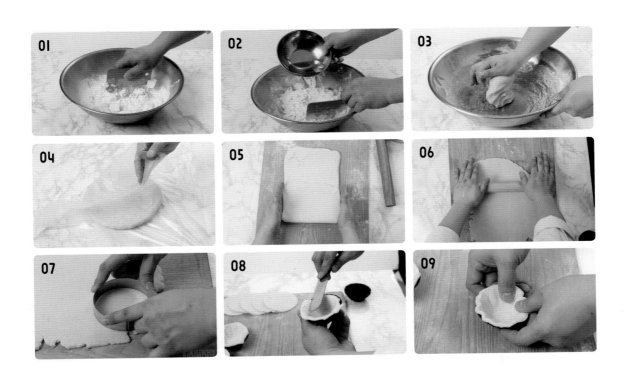

에그 타르트 필링 재료

노른자 ·················· 8개

설탕 ···················· 120g

바닐라 빈 ············ 1개

우유 ···················· 240ml

생크림 ·············· 240ml

소금 ······················ 1g

만드는 과정

1. 노른자에 설탕 소금을 넣고 천천히 섞어준다.

2. 우유, 생크림에 바닐라 빈을 넣고 뜨겁게 데운다.

3. 데운 우유에 생크림을 부어주면서 저어준다. 덩어리지지 않도록 한다.

4. 다시 불 위에 올려서 걸쭉할 때까지 저어준다.

5. 짤주머니에 반죽을 담아서 준비된 몰드에 짜준다.

에그 타르트(Egg Tart)

홍콩이나 마카오, 일본 등을 여행가면 많이 먹는 에그 타르트는 노른자, 생크림 등을 섞어 만든 커스터드 크림으로 속을 채운 파이로 포르투갈에서 기원한 디저트다. 에그 타르트는 크게 포루투갈식(마카오식)과 홍콩식으로 구분되어 만들어지는데, 포르투갈의 에그 타르트는 페이스트리 반죽을 사용하여 바삭한 식감을 가지며, 홍콩식 에그 타르트는 타르트 반죽을 이용하기 때문에 바깥부분이 비스킷과 같이 딱딱한 식감을 가지고 있다. 또한 속을 채운 커스터드 크림의 경우, 포르투갈과 다르게 모든 재료를 한꺼번에 섞어 오븐에 넣고 맛을 내며, 속은 부드럽고 촉촉한 질감에 표면은 반죽의 가장자리가 갈색으로 될 때까지 굽는다.

MEMO

Engadiner Tart
엥가디너 타르트

슈거도 재료

설탕 ·················· 100g
버터 ·················· 200g
박력분 ·············· 300g
달걀 ·················· 1개

만드는 과정

1. 버터를 부드럽게 해준다.

2. 설탕을 넣고 저어준다.

3. 달걀을 넣고 저어준다.

4. 체 친 밀가루를 넣고 반죽한다.

5. 반죽을 비닐에 싸서 냉장고에 넣는다.

6. 반죽을 밀어서 팬에 올리고 모양을 낸다.

7. 포크로 구멍을 내고 냉장고에서 휴지시킨다.

8. 오븐온도 185~190℃에서 20~25분간 굽는다.

9. 초콜릿 타르트 비스킷을 만들 때는 슈거도 재료 중 밀가루 300g을 250g으로 줄이고 코코아파우더 50g을 함께 체 쳐서 넣고 반죽하면 된다.

10. 최근에는 다양한 형태의 완제품 타르트 비스킷이 시장에 나와 있기 때문에 어렵지 않게 쉽게 만들 수 있다.

식재료를 이용하여 타르트 비스킷을 직접 만들기도 하지만 최근에는 국내 또는 수입하는 타르트 비스킷을 많이 사용하고 있다. 다양한 종류의 크기와 모양이 있으며, 코코아를 이용한 초콜릿 타르트 비스킷 녹차를 사용하여 만든 녹차 타르트 비스킷 등이 있다.

호두 필링 재료

설탕·················· 200g

물 ···················· 30g

꿀 ···················· 20g

생크림 ·············· 150g

호두·················· 300g

만드는 과정

1. 호두 오븐에서 살짝 굽는다.

2. 냄비에 물, 설탕, 꿀을 넣고 끓인다.

3. 캐러멜 색깔이 나면 생크림을 넣고 저어준다.

4. 호두를 넣고 저어준다. 캐러멜 윤기가 흐르고 끈적끈적할 때까지 저어준다.

5. 타르트 비스킷에 호두 필링을 채운다.

엥가디너(Engadiner)

엥가디너는 호두로 유명한 스위스의 그라우뷘덴주(Graubünden) 엥가딘이라는 곳의 지역 이름에서 따온 말로서 정식 명칭은 엥가디너 누스토르테이다. 엥가딘뿐만 아니라 스위스, 오스트리아, 독일 등지에서 즐겨 만들어 먹는 엥가디너 누스토르테는 호두와 캐러멜을 섞어 조려 식힌 충전물을 반죽과 반죽 사이에 넣고 구워 낸 과자이다.

MEMO

Wine Pear Mascarpone
와인에 조린 배 마스카포네

조린 배 재료

배 ························· 1개

쿠킹 레드와인 ·· 1000ml

물 ························· 200g

설탕 ···················· 200g

꿀 ························· 50g

레몬 ······················ 1개

계피스틱 ····· 2개(3cm 정도 길이)

기타 준비 재료

마스카포네 치즈

만드는 과정

1. 배 껍질을 벗긴다.

2. 4등분으로 자른 후 씨를 제거한다.

3. 다시 잘라서 12조각이 나오게 한다.

4. 냄비에 와인, 설탕, 꿀, 레몬, 계피스틱을 넣고 끓인다.

5. 끓으면 배를 넣고 중간 불 정도로 배가 익을 때까지 끓인다.

6. 식으면 볼에 담아서 냉장고에 넣어두고 필요시 꺼내어 사용한다.

7. 조린 배를 접시에 놓고 마스카포네 치즈를 한 스푼 올린다.

마스카포네 치즈(Mascarpone Cheese)

마스카포네 치즈는 티라미수 디저트를 만들 때 사용하는 필수적인 재료이며, 이탈리아의 가장 유명한 치즈 중 하나이다. 16세기로 넘어올 무렵에 밀라노 남서쪽 지방에서 만들기 시작했고 부드러운 연질치즈의 일종으로, 자연에서 풀, 허브, 등을 뜯어 먹은 소에서 얻은 우유로 만들며, 크림을 데운 뒤, 구연산이나 타르타르산과 섞으면 분리되고 그런 다음에 거친 무명으로 물기를 짜내고 남은 고형물이 바로 마스카포네 치즈이다. 크림을 원료로 사용하기 때문에 지방함량이 55~60%로 높은 고체 크림치즈이며, 이탈리아에서는 일반적으로 크림처럼 사용하거나 보통 디저트로 신선한 과일과 함께 먹는다. 우리나라에서는 티라미수를 만드는 것 외에도 각종 크림류에 섞어서 사용하거나 샌드위치 등 다양하게 사용하고 있다.

Injeoimi Cookie
인절미 쿠키

인절미 쿠키 재료

버터 ···················· 120g

박력분 ················· 45g

슈거파우더 ········· 100g

소금 ······················ 2g

아몬드파우더 ······· 50g

볶은 콩가루 ········· 90g

슬라이스 아몬드 ···· 60g

만드는 과정

1. 박력분, 슈거파우더, 소금, 아몬드파우더, 볶은 콩가루를 계량하여 두 번 체 친다.

2. 단단한 버터를 잘게 잘라 넣고 가루와 섞어준다.

3. 보슬보슬한 상태까지 만들어준다.

4. 슬라이스 아몬드를 오븐에서 살짝 구워서 넣고 섞어준다.

5. 반죽 덩어리가 되도록 뭉쳐준다.

6. 팬에 실리콘 패드를 깔고 20g씩 분할하여 둥글게 만들어 놓는다.

7. 오븐온도 175~180℃에서 15~20분간 갈색 색깔이 날 때까지 구워준다.

8. 쿠키가 식으면 콩가루를 묻힌다.

콩가루(Bean Flour)

콩가루는 글루텐(gluten)이 함유되어 있지 않고 단백질의 함량이 많다는 점에서 밀가루와 구분되며, 섬유소가 함유되어 있다는 점에서 탈지분유와도 구분된다. 콩가루의 제조는 먼저 콩의 불순물을 제거한 뒤 6~8조각으로 조분쇄하여 콩 껍질을 제거한 다음, 가열처리하고 이를 냉각시킨 후 분쇄하는 과정을 거친다. 제조 과정 중의 열처리는 콩 비린내를 제거하고 효소를 불활성화시킴으로써 콩가루의 냄새를 크게 향상시킬 뿐만 아니라 트립신 저해제(trypsin inhibitor)를 불활성화시켜 소화율을 향상시킨다.

MEMO

Ile Flottante

일 플로탕트

머랭 재료

흰자 ···················· 250g

설탕 ···················· 130g

소금 ······················ 2g

바닐라 향 레몬 ······ 1개

만드는 과정

1. 흰자 거품을 올린다.

2. 설탕, 소금을 조금씩 넣어주면서 단단한 머랭을 만든다.

3. 바닐라 향을 넣어준다.

4. 냄비에 물, 레몬 껍질을 벗겨서 넣고 레몬은 반으로 잘라서 넣고 끓인다.

5. 물 온도 85℃ 정도에서 스푼으로 머랭을 떠서 데친다.
   (우유에 데치기도 함.)

6. 접시에 크렘 앙글래즈를 깔고 머랭을 위에 올린다.

7. 캐러멜을 만들어서 뿌려준다.

크램 앙글래즈 재료

유유 ·············· 250ml

바닐라 빈 ··········· 1개

노른자 ············· 40g

설탕 ··············· 50g

만드는 과정

1. 우유에 바닐라 빈을 넣고 뜨겁게 데운다.

2. 노른자에 설탕을 넣고 저어준다.

3. 데운 우유를 ②에 넣고 저어준다.

4. 불 위에서 윤기가 나고 탄력이 있을 때까지 저어준다.

캐러멜 소스 재료

설탕 ··············· 45g

물엿 ··············· 30g

생크림 ············· 75g

만드는 과정

1. 냄비에 물엿과 설탕을 넣고 끓인다. (젓지 않고 그대로 끓인다.)

2. 가장자리가 끓어오르면 약한 불로 줄여 갈색이 될 때까지 끓인다.

3. 불을 끄고 생크림을 조금씩 부어가며 주걱으로 섞는다.

4. 약한 불에서 살짝 끓인다.

일 플로탕트(Ile Flottante)

'떠다니는 섬'이라는 뜻의 디저트로, 머랭이 뜰 정도로 크램 앙글래즈를 충분히 볼에 넣고 머랭을 위에 올리며, 캐러멜 시럽을 듬뿍 뿌리는 디저트다.

MEMO

Grapefruit Gratin
자몽 그라탱

자몽 그라탱 재료

자몽 ····················· 2개
버터 ····················· 50g
황설탕 ··················· 50g

만드는 과정

1. 자몽 껍질을 벗긴다.

2. 자몽 속을 자른다.

3. 준비된 몰드에 버터를 바르고 황설탕을 뿌린다.

4. 자몽을 몰드에 채운다.

5. 사바용 반죽을 자몽 위에 올린다.

6. 오븐온도 200℃에서 15분 정도 굽거나 가스토치를 사용하여 색깔을 낸다.

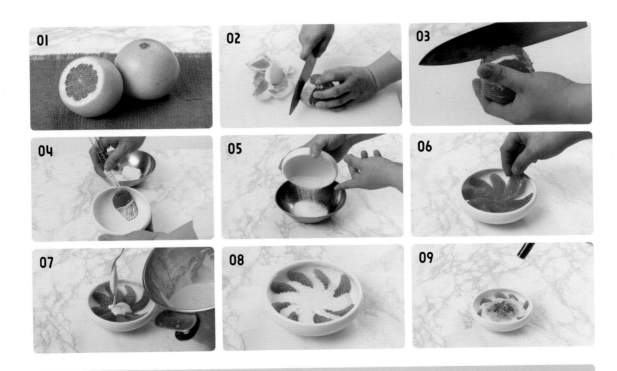

그라탱(Gratin)
주재료인 과일을 올려놓고 그 위에 이태리식 소스(Sabayon Sauce)를 올려 오븐에 구워 내는 것을 그라탱(Gratin)이라 하는데 아이스크림 또는 셔벗을 올려놓거나 같이 구워 내기도 한다. 종류로는 로얄 그라탱, 과일 그라탱과 셔벗이 있다.

사바용 재료

달걀노른자 ·········· 4개

설탕(A) ·············· 40g

화이트와인 ········ 20ml

바닐라 에센스······ 소량

생크림 ·············· 100g

설탕(B) ·············· 10g

만드는 과정

1. 중탕으로 올린 큰 볼에 노른자와 설탕(A)을 넣고 거품기로 빠르게 섞어 크림 농도가 되게 한다.

2. 여기에 와인을 넣고 계속 휘저어서 부드럽고 걸쭉한 농도가 되게 하여 국자로 떠올렸을 때 리본 모양으로 떨어지면 바닐라 에센스를 몇 방울 첨가한다.

3. 생크림에 설탕(B)을 넣고 휘핑하여 섞어준다.

사바용 소스(Sabayon Sauce)

노른자와 설탕을 중탕하여 거품을 낸 다음, 여기에 화이트와인을 더한 크림을 사바용이라고 하는데, 와인 대신에 리큐르, 삼페인, 생크림 등을 사용하기도 한다. 이 소스는 후식의 색을 내는 데 자주 이용되며 주재료가 달걀노른자와 설탕이므로 과일 디저트에 많이 사용되고 있다.

MEMO

Grapefruit Tart
자몽 타르트

슈거도 재료

설탕 ·················· 100g

버터 ·················· 200g

박력분 ·············· 300g

소금 ···················· 1g

베이킹파우더 ········· 2g

달걀 ··················· 1개

기타재료

화이트초콜릿, 자몽

만드는 과정

1. 설탕, 소금과 포마드 상태의 버터를 섞어서 부드럽게 해준다.

2. 달걀을 넣고 섞어준다.

3. 체 친 밀가루와 베이킹파우더를 넣고 반죽한다.

4. 반죽을 비닐에 싸서 냉장고에서 휴지시킨다.

5. 반죽을 2~3mm로 밀어서 준비된 타르트 몰드에 깔아준다.

6. 포크로 구멍을 낸 다음 냉장고에 1시간 휴지시킨다.

7. 오븐온도 200℃에서 10~12분 정도 구워 낸다.

8. 타르트 몰드가 작은 사이즈로 만들 경우는 반죽 두께를 조금 더 얇게 밀고 빨리 구워 내야 한다.

9. 타르트 비스킷이 식으면 화이트초콜릿을 녹여서 바른다.

10. 커스터드 크림을 짤주머니에 담아서 짜준다.

11. 자몽을 잘라서 올려 장식한다.

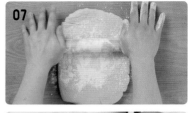  

커스터드 크림 재료

우유	450g
버터	30g
노른자	4개
설탕	110g
박력분	55g
소금	1g
바닐라 빈	1개
그랑 마르니에	15g

만드는 과정

1. 바닐라 빈 껍질의 한 면을 자른 다음, 씨를 발라서 껍질과 같이 우유에 넣고 약한 불에서 끓기 직전까지 데운다.

2. 달걀노른자에 설탕과 소금을 넣고 저어준다.

3. 체 친 밀가루를 섞어준다.

4. 데운 우유를 2~3회에 나누어 넣으면서 섞어준다.
(바닐라 빈 껍질은 제거해준다.)

5. 다시 불 위에 올려 되직한 상태가 될 때까지 거품기로 저어준다.

6. 불에서 내린 후 조금 있다가 버터를 넣고 섞어준다.

7. 완전히 식으면 그랑 마르니에를 섞어준다.

Cherries Jubiles

체리 주빌레

비스킷 반죽 재료

슈거파우더 ········· 100g

흰자 ···················· 100g

버터 ····················· 100g

박력분 ··············· 100g

만드는 과정

1. 부드러운 버터에 슈거파우더를 넣어서 저어준다.

2. 흰자를 2~3회 나누어서 넣고 저어준다.

3. 체 친 밀가루를 넣고 섞어 반죽을 하고 싸서 냉장고에서 휴지시킨다.

4. 팬에 반죽을 놓고 고무주걱으로 얇게 펴서 오븐에서 굽는다.

   (오븐온도 200~210℃)

5. 색깔이 예쁘게 나오면 오븐에서 꺼내어 모양을 접는다.

6. 비스킷 안에 바닐라 아이스크림을 넣고 체리 소스를 뿌려준다.

체리 소스

버터 ·················· 15g

설탕 ·················· 30g

다크스위트 체리 ·· 250g

체리주스 ············ 150g

전분 ···················· 4g

물 ····················· 20g

그랑 마르니에 ······· 30g

만드는 과정

1. 프라이팬에 버터와 설탕을 넣고 녹인다.

2. 체리 캔에 들어있는 주스를 넣고 끓인다.

3. 전분에 물을 넣고 섞어준 다음, 끓인 체리에 넣고 저어서 걸쭉하게 만든다.

4. 그랑 마르니에를 넣고 아이스크림 위에 체리 소스를 뿌려서 고객에게 낸다.

체리 주빌레(Cherries Jubiles)

다크스위트 체리를 이용하여 만든 디저트로서 버터, 체리, 주스, 리큐르 등을 사용하여 만들고, 향이 좋은 리큐르를 넣어 알코올 성분은 날려 보내고 풍미를 살리며, 술의 증기에 의해 불꽃을 내기도 한다. 고객들에게는 바닐라 아이스크림과 함께 제공함으로써 아이스크림의 차가운 맛과 체리 소스의 뜨거운 맛을 동시에 선사한다.

플랑베(Flambees)

과일을 주재료로 해서 뜨겁게 만들어지는 것을 앙뜨레메라 하는데, 과일에 설탕, 버터, 과일, 주스, 리큐르 등으로 조리하는 것이다. 뜨거운 것과 찬 것을 조화시켜 만드는 것으로 대부분 럼주를 따뜻하게 데워 그 위에 뿌리면서 프라이팬을 기울여 아래 부분에 대면 불꽃이 올라붙는다. 종류로는 바나나 플랑베, 피치 플랑베, 파인애플 플랑베, 체리 플랑베 등이 있다.

MEMO

Cherry Clafoutis

체리 클라푸티

체리 클라푸티 재료

달걀	2개
설탕	40g
박력분	20g
생크림	200ml
우유	50ml
체리	30개
슈거파우더	30g

추가재료

버터, 슈거파우더

만드는 과정

1. 체리에 들어있는 씨를 제거한다.
2. 슈거파우더를 체리에 넣고 섞어준다.
3. 달걀을 풀어준 다음 체 친 밀가루를 섞는다.
4. 설탕, 생크림, 우유를 넣고 덩어리가 생기지 않도록 섞어준다.
5. 준비된 볼에 버터를 바르고 체리를 넣는다.
6. 반죽을 체에 걸러서 넣어 준다.
7. 오븐온도 170~175℃에서 30~40분간 굽는다.
8. 오븐에서 나오면 슈거파우더를 살짝 뿌려서 제공한다.

클라푸티(Clafoutis)

클라푸티는 프랑스 가정에서 자주 만들어 먹는 과일 디저트 메뉴로서 체리, 블루베리, 살구, 무화과 등의 과일을 넣고 달콤한 크림과 함께 굽는 프랑스의 전통적인 구운 디저트다. 부드러운 크림과 상큼한 맛을 느낄 수 있다.

Cherry Tart
체리 타르트

파트 쉬크레(Pate Sucree) 재료

박력분 ················ 180g

아몬드파우더 ········ 30g

슈거파우더 ··········· 90g

버터 ····················· 100g

달걀 ····················· 1개

소금 ······················ 1g

만드는 과정

1. 박력분, 아몬드파우더, 슈거파우더를 체 친다.

2. 상온에 둔 버터에 설탕과 소금을 넣고 부드럽게 해준다.

3. 달걀을 넣고 저어준다.

4. 반죽을 납작하게 하여 비닐을 싸서 냉장고에 넣는다.

5. 반죽을 3~4mm 정도로 균일하게 밀어서 타르트 몰드에 올린다.

6. 손으로 몰드에 넣은 다음 모서리 부분을 접듯이 끼워 넣는다.

7. 밀대를 이용하여 반죽의 여분을 잘라낸다.

아몬드 크림 재료

버터 ····················· 80g

설탕 ····················· 90g

달걀 ····················· 2개

아몬드파우더 ······ 130g

럼 ························· 50g

만드는 과정

1. 버터와 설탕을 섞어서 부드럽게 해준다.

2. 달걀을 넣으면서 저어준다.

3. 체 친 아몬드파우더를 넣고 섞어준다.

4. 럼을 넣고 섞어준다.

5. 짤주머니에 반죽을 넣어서 몰드에 80% 정도 채운다.

6. 오븐온도 185℃에서 20~25분간 굽는다.

7. 아몬드 크림 위에 시럽을 바르고 체리 잼 또는 커스터드 크림을 바른다.

8. 씨를 제거한 체리를 올리고 혼당을 바른다.

타르트(Tart)

프랑스에서는 타르트를 만들 때 두 가지 방법을 많이 사용한다. 한 가지는 반죽을 틀에 깔고 구워 낸 다음 과일이나 크림을 채워서 다시 굽는 방법이고, 또 한 가지는 반죽을 틀에 깐 다음 바로 그 상태에서 크림을 채워서 굽는 방법이다.
타르트는 프랑스에서 많이 만들어지고 있으며, 반죽은 파트 쉬크레, 파트 브리제, 파트 사브레 등이 사용되고 과일의 이름을 딴 명칭을 많이 사용한다.

Chocolate Chip Muffin

초코칩 머핀

초코칩 머핀 재료

버터 ·················· 200g

설탕 ·················· 170g

소금 ·················· 2g

달걀 ·················· 150g

박력분 ·················· 300g

코코아파우더 ········ 50g

베이킹파우더 ·········· 8g

우유 ·················· 150g

초코칩 ·················· 150g

만드는 방법

1. 버터, 설탕, 소금을 저어서 부드럽게 해준다.

2. 달걀을 하나씩 넣으면서 저어준다.

3. 박력분, 코코아파우더, 베이킹파우더를 체 친 후 섞어준다.

4. 우유, 초코칩을 넣고 섞어준다.

5. 준비된 몰드에 반죽을 90%채운다.

　(짤주머니를 사용하거나 스푼을 이용한다.)

6. 크림을 만들어 머핀 위에 뿌리고 굽기도 한다.

7. 예열된 오븐 180~185℃에서 20~25분간 굽는다.

Chocolate Brownie

초콜릿 브라우니

초콜릿 브라우니 재료

다크 커버추어 초콜릿

····················· 330g

버터 ················· 100g

바닐라 향 ·········· 소량

달걀 ················· 180g

설탕 ················· 210g

소금 ··················· 2g

커피 ··················· 4g

박력분 ·············· 180g

베이킹파우더 ········· 8g

초코칩 ·············· 100g

호두 ················· 60g

만드는 과정

1. 호두를 오븐에 살짝 굽는다.

2. 초콜릿과 버터를 같이 녹여준다.

3. 달걀, 설탕, 소금, 커피를 넣고 거품을 올려준다.

4. 박력분, 베이킹파우더를 체 친 후 섞어준다.

5. 녹여 놓은 초콜릿과 버터를 넣고 섞어준다.

6. 초코칩, 호두, 바닐라 에센스를 넣고 가볍게 섞어준다.

7. 준비된 몰드에 반죽을 채우고 오븐온도 160℃에서 20~25분간 굽는다.

8. 식으면 윗면에 가나슈를 바르고 원하는 크기로 자른다.

가나슈 재료

동물성 생크림 ······ 200g

초콜릿 ················ 200g

만드는 과정

1. 생크림을 끓인다.

2. 불에서 내려 준비된 초콜릿에 넣고 천천히 섞어준다.

3. 리큐르 등 다양한 것을 넣고 맛을 낼 수 있다.

01

02

03

04

05

06

초콜릿 브라우니(Chocolate Brownie)

초콜릿 브라우니는 영국의 전통적인 과자이며, 미국에 전해져 더 유명해졌다. 갈색빛(브라운)으로 구운 색이 들어 있어 붙여진 명칭으로 사각 형태로 잘린 진한 초콜릿 케이크이며 브라우니라고 줄여서 부르기도 한다. 퍼지 브라우니 또는 케이크 브라우니는 맛의 농도와 견과류, 아이싱, 크림치즈, 초콜릿 칩 등 재료의 포함 등에 따라 다양한 형태의 브라우니가 만들어지고 있다.

초콜릿은 넣지 않고 갈색 설탕을 첨가해 제조한 브라우니는 블론디로 불린다. 브라우니는 호텔에서 애프터눈 티, 티타임 행사에 디저트로 생크림이나 바닐라 아이스크림과 함께 내놓기도 한다.

MEMO

Chocolate Biscuit Choux

초콜릿 비스킷 슈

초콜릿 크로캉 재료

박력분	74g
아몬드파우더	14g
황설탕	38g
다크초콜릿	16g
버터	70g

만드는 과정

1. 실온에 둔 버터에 녹인 초콜릿과 황설탕을 잘 섞는다.

2. 박력분과 아몬드파우더를 체 친 후 넣고 잘 섞는다.

3. 반죽을 얇게 펴서 냉장휴지한 후 2mm 두께로 밀고 둥근 커터로 자른다.

슈 반죽 재료

물	100g
우유	100g
버터	80g
설탕	4g
소금	2g
초콜릿	32g
강력분	120g
달걀	200g

만드는 과정

1. 물, 우유, 버터, 설탕, 소금을 냄비에 가열하고 끓으면 초콜릿을 넣어 녹인다.

2. 체 친 강력분을 넣고 불 위에서 주걱으로 저어서 수분을 날린다.

3. 달걀을 3~4회 나누어 넣으면서 저어준다.

4. 반죽을 짤주머니에 담아 지름 3~4cm 정도를 짜준다.

5. 반죽 위에 붓으로 달걀물을 바르고 초콜릿 크로캉을 올린다.

6. 오븐온도 180℃에서 25분간 굽는다.

7. 초콜릿 가나슈를 짤주머니에 담아서 짜준다.

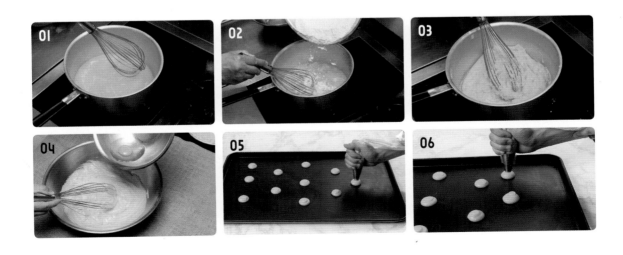

초콜릿 가나슈

다크초콜릿 ········· 200g

생크림 ················ 250g

그랑 마르니에 ······· 20g

만드는 과정

1. 생크림을 끓인다.

2. 초콜릿에 넣고 저어준다.

3. 식으면 그랑 마르니에를 넣고 저어준다.

MEMO

Chocolate Souffle
초콜릿 수플레

초콜릿 수플레 재료

다크초콜릿 ········· 100g

우유 ····················· 80g

설탕 ····················· 20g

달걀노른자 ········· 2개

박력분 ················· 30g

코코아파우더 ······· 20g

바닐라 에센스 ······ 소량

머랭 흰자 ············ 2개

설탕 ····················· 60g

추가재료

버터, 설탕, 슈거파우더

만드는 과정

1. 수플레 컵 안쪽에 버터를 바르고 설탕을 뿌려서 묻혀준다.

2. 우유를 냄비에 넣고 불에 올려 살짝 끓기 직전까지 데운다.

3. 우유를 초콜릿에 넣고 저어준다.

4. 노른자와 설탕을 넣고 잘 섞어준다.

5. 박력분을 체 쳐서 넣고 섞어준다.

6. 흰자를 물기 없는 깨끗한 볼에 넣고 풀어준 후, 설탕을 두 번에 나누어 넣으면서 단단한 머랭을 만든다.

7. 머랭을 두 번에 나누어서 섞어준다.

8. 준비해 놓은 수플레 컵에 반죽을 담아 180℃로 예열된 오븐에 넣고 15~20분간 굽는다.

9. 오븐에서 꺼내자마자 슈거파우더를 뿌려 고객에게 제공한다.

수플레(Souffle)

수플레는 '부풀다'라는 뜻의 프랑스어이며, 달걀흰자로 거품을 낸 것에 그 밖의 재료를 섞어서 부풀린 후 오븐에 구워낸 프랑스 디저트다. 구운 수플레는 뜨거운 공기가 오븐에서 꺼내자마자 빠져나가기 때문에 식으면 쭈그러들므로 구워낸 즉시 제공되는 대표적인 고급 디저트다. 수플레는 크게 세이보리 수플레(savory souffle)와 스위트 수플레(sweet souffle)로 나눈다. 수플레는 모양이 그대로 부풀어 오른 푸딩으로 그 상태가 오래 유지되어야 하고 생동감이 있어야 하기 때문에 너무 깊지 않은 은제그릇이나, 자기, 도기 또는 두꺼운 유리그릇을 사용한다. 종류로는 초콜릿 수플레, 레몬 수플레, 아몬드 수플레, 바닐라 수플레, 애플 수플레, 바나나 수플레 등이 있다.

MEMO

Chocolate Tart

초콜릿 타르트

파트 사브레 재료

버터 ···················· 175g

설탕 ···················· 80g

달걀 ···················· 1개

박력분 ··············· 260g

베이킹파우더 ·········· 2g

추가재료

다크초콜릿 ·········· 200g

만드는 과정

1. 상온에 둔 부드러운 버터에 설탕을 넣고 주걱으로 섞어준다.

2. 달걀을 2~3회에 나누어 넣으면서 저어준다.

3. 체 친 박력분, 베이킹파우더를 넣고 주걱으로 가볍게 섞어준다.

4. 완성된 반죽을 비닐에 싸서 평평하게 만들어 냉장고에서 휴지시킨다.

5. 반죽을 2~3mm로 밀어서 타르트 몰드에 넣고 구워 낸다.

6. 타르트 비스킷에 다크초콜릿을 녹여서 붓으로 칠한다.

7. 초코 가나슈를 채운다.

8. 타르트 가나슈가 굳으면 링 모양 깍지를 넣고 초콜릿을 짜준다.

9. 초콜릿 장식물을 올린다.

가나슈 재료

다크초콜릿 ········ 330g

생크림 ················ 300g

버터 ······················· 50g

아몬드 브리틀··· 적당량

만드는 과정

1. 생크림을 끓인다.

2. 다크초콜릿에 넣고 저어준다.

3. 36℃ 정도로 되면 버터를 넣고 믹서로 가볍게 섞는다.

타르트(Tart)

밀가루에 버터를 섞어 만든 반죽을 타르트 틀에 깔고 과일이나 크림을 이용하여 속을 채우나 반죽 위를 덮지 않아 재료가 그대로 보여지도록 하는 것이 프랑스식 파이의 특징이다. 속에는 달콤한 맛의 커스터드나 과일, 짭짤한 야채, 고기나 짭짤한 커스터드가 들어 있는 둥근 모양의 타르트로 이것은 대개 특별한 플랜(flan) 링에서 모양을 만들고 굽게 된다. 보통 8~10인분으로 나누며, 소형의 것은 '타르틀레트(tartlet)'라고 한다. 과일 타르트에는 타르트 오 폼(애플파이)·타르트 오 시트롱(레몬파이) 등이 있다.

MEMO

Churros

츄러스

츄러스 재료

우유 ·················· 250g

소금 ·················· 2g

버터 ·················· 40g

박력분 ··············· 100g

달걀 ·················· 2개

만드는 방법

1. 냄비에 우유, 버터, 소금을 넣고 끓여준다.

2. 끓어오르면 체 친 박력분을 넣고 주걱으로 3~5분간 충분히 저어준다. (밀가루가 충분히 익어야 한다.)

3. 불에서 내려 달걀을 나누어 넣으면서 계속 저어준다.

4. 짤주머니에 별 모양 깍지를 끼우고 반죽을 담아서 예열된 기름에 반죽을 길게 짜준다.

5. 튀긴 후 적당한 크기로 자른 다음 설탕을 묻힌다.

Cheese Dacquoise

치즈 다쿠아즈

다쿠아즈 재료

흰자	200g
설탕	70g
바닐라 향	소량
슈거파우더	70g
박력분	20g
아몬드파우더	140g
레몬주스	10g

만드는 과정

1. 흰자에 바닐라 향을 넣고 거품 올린다.

2. 설탕을 조금씩 부어주면서 단단한 머랭을 만든다.

3. 레몬주스를 넣어준다.

4. 슈거파우더, 박력분, 아몬드파우더를 체 친 후 섞어준다.

5. 짤주머니에 반죽을 넣어서 2.5~3cm 타원형으로 짜준다.

6. 슈거파우더를 뿌려준다.

7. 오븐온도 180℃에서 15~20분간 굽는다.

8. 식으면 필링을 짜고 붙여준다.

치즈 필링 재료

슈거파우더 ·········· 50g

크림치즈 ············· 240g

레몬 ····················· 1개

버터 ····················· 30g

만드는 과정

1. 실온에 둔 크림치즈와 버터를 부드럽게 크림화시킨다.

2. 슈거파우더를 섞어준다.

3. 레몬 제스트와 레몬주스를 넣고 섞어준다.

다쿠아즈(Dacquoise)

프랑스 랑드(Lande)지방의 닥스(Dax)에서 유래한 케이크다. 다쿠아즈는 겉이 바삭하고 속이 부드러운 과자로 마카롱과 함께 프랑스 프로방스의 대표적인 머랭 과자의 하나이며 프랑스의 대표적인 간식이다. 아몬드가 들어가 견과류의 향미가 나며, 동근 형태를 가지고 있는 디저트이다. 중앙에 부드럽고 풍부한 휘핑크림이나 커피 풍미의 크림, 버터크림, 치즈크림 등 다양한 크림을 채워서 샌드한다.

MEMO

Caramel Meringue Souffle

캐러멜 머랭 수플레

캐러멜 재료

설탕 ···················· 200g
물(A) ···················· 50g
물(B) ···················· 30g

만드는 과정

1. 냄비에 물(A), 설탕을 넣고 끓인다.

2. 캐러멜 색깔이 나면 물(B)을 넣고 저어준다.

3. 준비된 몰드에 캐러멜을 부어준다.

4. 머랭을 만들어 몰드에 채운다.

5. 오븐온도 180℃에서 20~25분간 굽는다.

6. 냉장고에 보관하며 필요시 접시에 뒤집어서 놓으면 빠진다.

7. 접시에 머랭을 놓고 다양한 과일이나 바닐라 소스를 곁들인다.

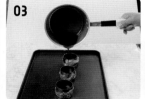

머랭 재료

흰자 ···················· 200g
설탕 ···················· 100g
아마레또 리큐르 ···· 20g

만드는 과정

1. 흰자와 설탕으로 머랭을 만든다.

2. 아마레또 리큐르를 넣어준다.

Coffee Pistachio Biscotti

커피 피스타치오 비스코티

커피 피스타치오 비스코티 재료

버터	120g
설탕	250g
달걀	2개
소금	2g
박력분	380g
아몬드파우더	60g
베이킹파우더	2g
커피 엑기스	20g
피스타치오	200g

만드는 과정

1. 버터, 설탕, 소금을 부드럽게 해준다.

2. 달걀을 나누어 넣으면서 저어준다.

3. 커피 엑기스를 섞어준다.

4. 밀가루, 베이킹파우더, 아몬드파우더를 체 친 후 넣고 반죽한다.

5. 피스타치오를 섞어준다.

5. 한 덩어리로 뭉쳐서 길게 성형한다.

6. 175℃에서 20~30분간 굽는다.

7. 완전히 식으면 얇게 자른다.

8. 팬에 놓고 185℃ 오븐에서 15~20분간 굽는다. 중간에 뒤집어 준다.

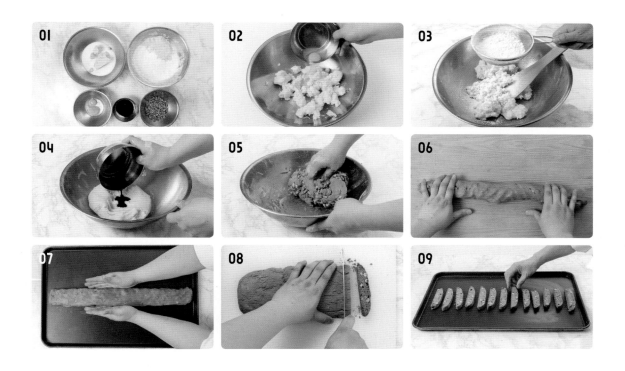

Coconut Rocher

코코넛 로쉐

코코넛 로쉐 재료

코코넛파우더 ······· 250g

설탕 ····················· 200g

흰자 ····················· 250g

소금 ························ 1g

물엿 ····················· 50g

다크초콜릿 ········· 200g

만드는 방법

1. 설탕, 물엿, 흰자, 소금을 중탕하여 주걱으로 저어준다.

2. 설탕 입자가 녹으면 코코넛파우더를 넣고 저어준다.

3. 불에서 내려 짤주머니에 별 모양 깍지를 넣고 반죽을 담아서 실리콘 패드 위에 짜준다.

4. 오븐온도 200℃/180℃에서 15~20분간 굽는다.

5. 초콜릿을 중탕하여 녹인다.

6. 초콜릿을 템퍼링하여 구운 코코넛 로쉐 바닥에 초콜릿을 바른다.

Cranberry Nut Cookie
크랜베리 넛 쿠키

크랜베리 넛 쿠키 재료

버터 ⋯⋯⋯⋯⋯⋯ 140g

설탕 ⋯⋯⋯⋯⋯⋯ 100g

소금 ⋯⋯⋯⋯⋯⋯ 2g

달걀 ⋯⋯⋯⋯⋯⋯ 1개

박력분 ⋯⋯⋯⋯⋯ 260g

베이킹파우더 ⋯⋯⋯ 4g

크랜베리 ⋯⋯⋯⋯ 80g

피스타치오 ⋯⋯⋯ 30g

럼 ⋯⋯⋯⋯⋯⋯ 30g

만드는 과정

1. 피스타치오는 오븐온도 180℃에서 살짝 굽는다.

2. 크랜베리는 하루 전 럼에 전처리해 놓는다.

3. 볼을 준비하여 실온에 둔 버터와 설탕을 섞어서 부드럽게 해준다.

4. 달걀을 넣고 저어준다.

5. 박력분과 베이킹파우더를 체 친 후 넣고 주걱으로 섞어준다.

6. 전처리한 크랜베리와 피스타치오를 넣고 섞어준다.

7. 둥근 막대형으로 성형하여 냉장고에 넣는다.

8. 반죽이 단단해지면 꺼내어 막대 모양으로 자른다.

9. 달걀물을 바르고 슈거파우더를 묻혀서 5mm 두께로 자른다.

10. 175℃에서 15~18분간 굽는다.

Cranberry Scone

크랜베리 스콘

크랜베리 스콘 재료

버터 ···················· 120g

설탕 ···················· 90g

소금 ···················· 2g

베이킹파우더 ········ 16g

박력분 ················· 360g

우유 ···················· 150g

달걀노른자 ··········· 20g

크랜베리 ·············· 120g

럼 ······················· 50g

* 크랜베리와 럼을 섞어서 하루 전에 전처리해 놓는다.

만드는 과정

1. 박력분과 베이킹파우더를 체 친다.

2. 체 친 박력분에 버터를 넣고 손으로 섞어준다.

3. 두 손으로 비비듯이 하면 보슬보슬한 가루가 된다.

4. 가운데 부분에 홈을 만들고 설탕, 소금, 달걀노른자, 우유를 섞어서 넣고 반죽한다.

5. 전처리한 크랜베리를 넣고 가볍게 섞어준다.

6. 반죽을 비닐에 싸서 냉장고에서 휴지시킨다.

7. 반죽을 두께 1.6~2cm로 밀어서 휴지시킨 다음 칼로 자르거나 몰드로 찍어서 팬에 놓고 노른자를 바른다.

8. 오븐온도 185℃에서 20~25분간 굽는다. (크기에 따라서 시간은 다르다.)

스콘(Scone)

스콘은 밀가루, 버터, 우유와 함께 만들어진 반죽에 베이킹파우더를 넣어 부풀리는 영국식 퀵 브레드(quick bread)의 일종이다. 스콘의 기원과 유래에 대해서는 정확히 알려진 바가 없으나 스코틀랜드(Scotland)에서 귀리와 버터밀크를 넣고 만든 퀵 브레드로부터 비롯되었다고 일반적으로 보고 있다. 단맛 또는 짠맛이 살짝 느껴지는 스콘에 과일 잼, 생크림을 듬뿍 얹고 일반적으로 홍차를 곁들여 먹는다. 스콘은 원형, 삼각형, 사각형 등 다양한 모양이 있다.

MEMO

Crepe Suzette
크레프 수제트

크레프 재료

버터 ·················· 40g

설탕 ·················· 25g

달걀 ·················· 120g

박력분 ··············· 75g

우유 ·················· 200g

만드는 과정

1. 버터를 녹인 후 설탕을 넣고 저어준다.

2. 달걀을 넣고 저어준다.

3. 체 친 밀가루를 넣고 덩어리지지 않도록 섞어준다.

4. 우유를 넣고 섞어준 다음 반죽을 체에 걸러준다.

5. 프라이팬에 반죽을 조금 넣고 최대한 얇게 부친다.

오렌지 소스 재료

오렌지 ················· 1개

오렌지주스 ········· 200g

설탕 ···················· 50g

그랑 마르니에 ······· 30g

만드는 과정

1. 오렌지 껍질을 벗기고 오렌지를 잘라 낸다.

2. 냄비에 설탕을 넣고 캐러멜화한다.

3. 오렌지주스를 넣고 캐러멜화된 설탕과 섞어준다.

4. 자른 오렌지를 넣어준다.

5. 그랑 마르니에를 넣는다.

6. 크레프에 오렌지를 넣고 접어서 접시에 놓는다.

7. 오렌지 소스를 위에 뿌린다.

8. 바닐라 아이스크림을 접시에 올린다.

9. 준비된 과일을 올린다.

크레프(Crepes)

비단 천이라는 뜻을 가진 크레프는 밀가루나 메밀가루 반죽을 얇게 부치고 그 안에 다양한 속재료를 넣어서 싸먹는 프랑스 요리로 세계적으로 알려진 디저트다. 미리 만들어진 팬케이크에 설탕, 오렌지, 레몬즙, 리큐르, 브랜디 등을 사용하여 고객 앞에서 직접 플랑베 서비스한다. 크레프는 단맛이 나는 반죽으로 만든 크레프 쉬크레(crepes sucrees)와 달지 않은 크레프 살레(crepes salees)가 있다. 아이스크림을 싸서 내기도 하지만 더운 디저트가 제 맛을 낸다. 종류로는 크레프 수제트(crepes suzett), 밀 크레프, 크레프 수플레 등이 있다.

MEMO

Creme Brulee

크렘 브륄레

크렘 브륄레 재료

우유 ···················· 250g

생크림 ················· 250g

설탕 ······················ 75g

전란 ······················ 75g

노른자 ················· 100g

바닐라 빈 ············· 1개

추가재료

황설탕

만드는 과정

1. 냄비에 우유, 생크림, 설탕, 바닐라 빈을 넣고 끓인다.

2. 끓인 재료를 달걀에 부어주면서 저어준다.

3. 고운체로 걸러서 불순물을 제거한다.

4. 준비된 몰드에 반죽을 90% 채운다.

5. 표면에 토치로 거품이 없도록 제거한다.

6. 팬에 따뜻한 물을 조금 채워서 반 정도 잠기게 하여 중탕으로 굽는다.

7. 오븐온도 150℃에서 30~35분간 굽는다.

8. 식은 뒤 먹기 직전 황설탕을 뿌리고 토치로 캐러멜라이징한다.

크렘 브륄레(Creme Brulee)

브륄레는 '타다(burn)'라는 뜻의 프랑스어인 브륄레르(brûler)에서 파생된 단어로, 크렘 브륄레(crème brûlée)는 글자 그대로 '불에 탄 크림(brunt cream)'이라는 뜻이며, 프랑스의 대표적인 디저트 중 하나이다. 바닐라 향을 더한 차가운 크림 커스터드 (custard) 위에 유리처럼 얇고 파삭한 캐러멜 토핑을 얹어서 만든다. 프랑스 외에 스페인과 영국에도 비슷한 요리가 있으나 현 대적인 크렘 브륄레의 레시피는 1982년 프랑스 출신의 셰프 알랭 셀락(Alain Sailhac)이 개발하였다. 차가운 크림 커스터드와 따뜻한 캐러멜 토핑이 이루는 차갑고 따뜻한 온도, 달고 쓴맛, 부드럽고 파삭한 식감의 대조가 특징이다. 최근에는 바닐라 맛 외에 초콜릿, 치즈, 과일 퓌레를 사용한 다양한 맛을 지닌 크렘 브륄레의 레시피가 나오고 있으며, 전 세계 대부분의 프렌치 카페나 레스토랑에서 단골 디저트 메뉴로 제공하고 있다.

MEMO

Crème Caramel

크림 캐러멜

크림 캐러멜 재료

설탕 ················· 250g

물 ····················· 40g

만드는 과정

1. 냄비에 물, 설탕을 넣고 끓여 캐러멜을 만든다.

2. 준비된 몰드에 캐러멜을 조금씩 부어준다.

크림 재료

우유 ················· 500g

달걀 ················· 230g

설탕 ················· 100g

바닐라 빈 ··········· 1개

만드는 과정

1. 냄비에 우유와 바닐라 빈을 넣고 뜨겁게 데운다.

2. 볼에 달걀, 설탕을 섞어준다.

3. 데운 우유를 달걀에 부어주면서 저어준다.

4. 고운체에 걸러준다.

5. 준비된 몰드에 반죽을 채운다.

6. 오븐온도 170℃에서 중탕하여 20~25분간 굽는다.

크림 캐러멜(프랑스어: Crème Caramel)

크림 캐러멜은 크렘 랑베르세라고도 한다. 주로 커스터드 푸딩을 만들 때 사용하는 크림으로 진한 황금색을 띤다. 몰드 바닥에 캐러멜 시럽을 올린 커스터드 디저트로, 윗면에 설탕을 뿌려 캐러멜 층을 올린 크렘 브륄레와 구분된다. 플란(스페인어: flan)이나 캐러멜 푸딩(영어: caramel pudding)이라 불리기도 하며, 캐러멜 소스는 크림 캐러멜(Creme caramel) 혹은 캐러멜 푸딩에 사용하는 경우, 설탕을 졸여 물만을 섞은 맑은 캐러멜(clear caramel)을 사용한다.

MEMO

Cream Cheese Tart

크림치즈 타르트

슈거도 재료

설탕	100g
버터	200g
박력분	300g
소금	1g
베이킹파우더	2g
달걀	1개

만드는 과정

1. 설탕, 소금과 포마드 상태의 버터를 섞어서 부드럽게 해준다.

2. 달걀을 넣고 섞어준다.

3. 체 친 밀가루와 베이킹파우더를 넣고 반죽한다.

4. 반죽을 비닐에 싸서 냉장고에서 휴지시킨다.

5. 냉장고에서 반죽을 꺼내어 밀대로 밀어서 몰드에 맞게 반죽을 깔아준다.

6. 포크나 도구를 이용하여 반죽표면에 구멍을 내준다.

치즈반죽 재료

크림치즈	340g
설탕	125g
달걀	3개
박력분	40g
전분	20g
레몬	1개
생크림	80g

만드는 과정

1. 비스킷 반죽은 3~4mm로 밀어 팬에 깔아 놓는다.

2. 크림치즈와 설탕을 섞어 저어가면서 부드럽게 해준다.

3. 달걀을 하나씩 넣어 주면서 저어준다.

4. 레몬 제스트와 레몬즙을 넣고 저어준다.

5. 박력분과 전분을 체 쳐서 넣고 섞어준다.

6. 생크림을 휘핑하여 섞어준다.

7. 비스킷 팬에 반죽을 90% 채운다.

8. 오븐온도 170~180℃에서 20~25분간 굽는다.

크림치즈(Cream Cheese)

우유와 생크림을 원료로 한 숙성시키지 않은 생치즈로 은은한 신맛과 부드러운 맛을 지닌 연질 치즈이다. 특히 미국에서 인기 있는 치즈이며, 일반 치즈와 다르게 짠맛 대신 약간 신맛이 나고 끝 맛이 고소하다. 수분 함량이 높고 지방이 45% 이상 들어 있으며, 자연 치즈라 쉽게 변할 수 있으므로 냉장고에 보관해야 한다. 치즈 케이크, 디저트, 베이글, 카나페, 샌드위치, 샐러드 등 많은 곳에서 다양하게 사용하기 때문에 호텔에서 사용량이 많다.

MEMO

Tarte Tatin
타르트 타탕

크러스트(Crust) 재료

재료	용량
박력분	200g
버터	100g
설탕	8g
우유	100g
사과 작은 것	3개
버터	50g
황설탕	100g

만드는 과정

1. 체 친 박력분에 버터 100g을 넣고 비벼서 보슬보슬한 상태로 만든다.

2. 중앙에 구덩이처럼 파고 설탕, 우유를 섞은 재료를 넣고 가볍게 섞어준다.

3. 비닐에 싸서 냉장고에서 휴지시킨다.

4. 사과 껍질을 벗기고 반으로 자른다.

5. 씨를 제거한다.

6. 타르트 팬에 황설탕을 뿌려준다.

7. 씨를 제거한 사과의 홈 부분에 버터를 조금 넣은 후 팬에 넣는다.

8. 크러스트를 밀어서 몰드로 찍어 씌운다.

9. 오븐온도 200℃에서 20~30분간 굽는다.

10. 준비된 접시에 타르트를 뒤집어 뺀다.

타르트 타탕(Tarte Tatin)

타르트 타탕은 프랑스 상트르(Centre) 지방의 애플 타르트를 말하는데, 가정에서도 쉽게 만들어 먹을 수 있는 프랑스의 대표적인 디저트이다. 사과를 자른 다음 씨를 제거하고 몰드에 버터와 설탕을 넣고 반죽을 덧씌워 오븐에 굽기 때문에 위아래가 뒤집힌 '업사이드다운 애플 타르트(upside-down apple tart)'라 불리기도 한다. 구운 후에 타르트를 뒤집으면 잘 익은 사과에 버터와 설탕이 녹아내림으로써 갈색의 캐러멜 토핑을 형성하게 된다. 프랑스 루아르 밸리(Loire Valley)에 있는 라모트-뵈브롱(Lamotte-Beuvron) 마을에서 레스토랑을 운영하던 타탕 자매가 처음 개발한 것으로 알려져 있다. 오늘날에는 전 세계 대부분의 프랑스 레스토랑에서 디저트 메뉴로 나오고 있다.

MEMO

Trifle
트라이플

트라이플 재료

라즈베리, 파인애플, 복숭아,
딸기 등 취향에 맞는 과일 준비
생크림 ················ 200g
설탕 ····················· 20g

만드는 과정

1. 바닐라 빈 껍질 한 면을 자른 다음 씨를 발라서 껍질과 같이 우유
에 넣고 약한 불에서 끓기 직전까지 데운다.

2. 노른자에 설탕, 소금을 넣고 저어준다.

3. 체 친 밀가루를 섞어준다.

4. 데운 우유를 2~3회에 나누어 넣으면서 섞어준다.
(바닐라 빈 껍질은 제거해준다.)

5. 다시 불 위에 올려 되직한 상태까지 거품기로 저어준다.

6. 불에서 내린 후 조금 있다가 버터를 넣고 섞어준다.

7. 완전히 식으면 그랑 마르니에를 섞어준다.

커스터드 크림 재료

우유 ······················ 450g

버터 ······················ 30g

노른자 ···················· 4개

설탕 ······················ 110g

박력분 ···················· 55g

소금 ······················ 1g

바닐라 빈 ················ 1개

그랑 마르니에 ········· 15g

동물성 생크림 ········ 200g

트라이플 만드는 과정

1. 다양한 과일을 준비한다.

2. 글라스는 미리 냉장고에 넣어 놓는다.

3. 생크림을 휘핑하여 커스터드 300g과 섞어준다.

4. 글라스에 크림을 조금 짜준다.

5. 과일을 조금 넣는다.

6. 크림을 넣는다.

7. 과일을 올리고 장식한다.

트라이플(Trifle)

트라이플은 영국의 맛있는 디저트 중 하나이며, 색상과 모양이 아름다워 여성들이 좋아한다. 우리나라에서는 다소 생소한 디저트이지만 영국에서는 어디서나 맛볼 수 있는, 흔한 디저트이다. 용기는 주로 긴 유리컵을 사용하며, 화려한 외관과 달리 만들기는 비교적 쉽다. 컵의 밑부분부터 스펀지 케이크와 커스터드 크림, 과일, 머랭, 산딸기 같은 다양한 과일을 쌓아서 만든 디저트이다. 먹을 때는 긴 스푼으로 밑부분까지 한번에 떠먹는 게 포인트다. 크림이 많아 보기엔 느끼할 것 같지만 새콤한 과일맛과 담백한 크림이 이를 보완해 주기 때문에 간식으로 즐겨 먹는다.

MEMO

Tiramisu

티라미수

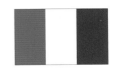

티라미수 반죽 재료

마스카포네 치즈 ·· 250g

노른자 ················· 70g

생크림 ··············· 100g

설탕 ······················ 50g

물 ························· 15g

흰자 ······················ 50g

추가재료

사보이아르디 핑거쿠키

티라미수 만드는 과정

1. 마스카포네 치즈에 노른자를 넣고 부드럽게 해준다.
2. 생크림을 올려 준다.(60%)
3. 설탕을 끓여 이탈리안 머랭을 만든다.
4. 마스카포네 반죽에 생크림, 이탈리안 머랭을 순서대로 넣고 가볍게 섞는다.
5. 준비된 몰드에 반죽을 조금 채운다.
6. 핑거쿠키를 커피시럽에 적셔 위에 올리고 반죽을 채운다.
7. 냉동실이나 냉장고에서 보관하며, 먹기 전에 코코아파우더 또는 크림을 올려서 먹는다.(최근에는 다양한 소스를 뿌려서 먹기도 함)
8. 초코크럼을 만들어 올리고 로즈마리와 애플민트를 올린다.

커피시럽

물 ···················· 500g

설탕 ···················· 40g

맥심커피 ················ 50g

깔루아 리큐르 ········ 30g

만드는 과정

1. 물, 설탕, 커피를 넣고 끓인다.

2. 시럽이 식으면 깔루아 리큐르를 섞는다.

3. 티라미수를 조금 만들 때는 커피시럽을 만들지 않고 에스프레스 커피를 내려서 깔루아 리큐르를 섞어 사용한다.

초코크림 재료

설탕	100g
황설탕	75g
박력분	125g
아몬드파우더	50g
코코아파우더	75g
버터	75g

만드는 과정

1. 볼에 가루 재료를 체 친 후 나머지 재료 모두 넣고 섞어준다.

2. 두 손으로 비벼서 가루로 만든다.

3. 오븐온도 190℃에서 10~12분간 구워준다.

4. 티라미수 윗면은 전통적으로 코코아파우더를 뿌리는데 최근에 와서는 다양한 크림이나 소스를 만들어 올려서 먹는다.

티라미수(Tiramisu)

1980년대에 들어와서 크게 유행한 이탈리아 디저트. 티라미수의 어원은 '끌어올리다'라는 뜻의 '티라레(tirare)', '나를'이라는 뜻의 '미(mi)', 그리고 '위로'라는 뜻의 '수(su)'가 합쳐진 이탈리아어이며, '기분이 좋아진다'는 뜻이다. 하얀 케이크 위에 뿌린 코코아파우더의 시각적 효과가 뛰어나고 커피, 카카오, 마스카르포네 치즈, 설탕, 달걀 노른자와 흰자 등의 재료로 만들어, '기분이 좋아지다'라는 속뜻처럼 열량과 영양이 높고 부드럽기 때문에 누구나 좋아하며, 전통적인 티라미수에는 코코아파우더를 뿌리지만 최근에는 다양한 장식으로 제품에 많은 변화를 주고 있다.

Paris Brest

파리 브레스트

슈 재료

물	250g
버터	150g
박력분	150g
달걀	6개
소금	1g
슬라이스 아몬드	100g

만드는 과정

1. 냄비에 물과 버터를 넣고 끓인다.

2. 체 친 밀가루를 넣고 불 위에서 3~4분간 저어준다. 충분히 호화 시킨다.

3. 불에서 내려 달걀을 여러 번 나누어 넣으면서 저어준다.

4. 반죽에 끈기가 생기고 매끈해진다.

5. 짤주머니에 별 모양 깍지를 끼우고 반죽을 넣어 둥글게 짜준다.

6. 짜놓은 반죽 위에 아몬드를 올린다.

7. 물을 뿌려준다.

8. 오븐온도 200℃에서 20~25분간 굽는다.

9. 슈를 반으로 자르고 짤주머니에 프랄리네 크림을 담아서 짜준다.

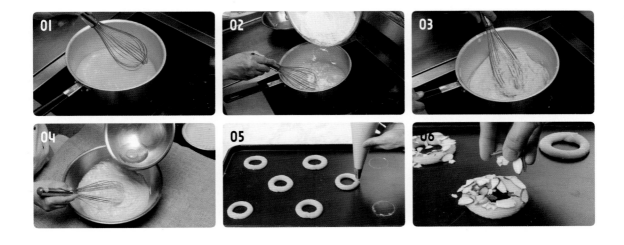

프랄리네 크림

크렘 파티시에 ······ 300g
아몬드 프랄리네 ·· 120g

크렘 파티시에

우유 ····················· 450g
버터 ······················· 30g
노른자 ················· 4개
설탕 ····················· 110g
박력분 ·················· 55g
소금 ························· 1g
바닐라 빈 ·············· 1개
그랑 마르니에 ······· 15g

만드는 과정

1. 바닐라 빈 껍질 한 면을 자른 다음 씨를 발라서 껍질과 같이 우유
에 넣고 약한 불에서 끓기 직전까지 데운다.

2. 노른자에 설탕, 소금을 넣고 저어준다.

3. 체 친 밀가루를 섞어준다.

4. 데운 우유를 2~3회에 나누어 넣으면서 섞어준다.
(바닐라 빈 껍질은 제거해준다.)

5. 다시 불 위에 올려 되직한 상태까지 거품기로 저어준다.

6. 불에서 내린 후 조금 있다가 버터를 넣고 섞어준다.

7. 완전히 식으면 그랑 마르니에를 섞어준다.

파리 브레스트(Paris Brest)

슈 반죽은 1760년경에 아비스(Avice)가 처음 만들어냈으며, 슈 반죽 하나로 슈 아라크렘, 에클레르, 크로캉부슈, 파리 브레스트를 만들 수 있다. 파리 브레스트는 슈 반죽을 커다란 고리 모양으로 짜내어 오븐에서 구운 후 가운데를 자르고 프랄리네 크림을 넣고 만든 케이크로, 1891년 파리와 브레스트 두 도시 간에 벌어진 자동차 경주를 기념하기 위해 처음 만든 것이다. 둥근 고리 모양은 흡사 차바퀴를 연상시키게 된다.

Pavé Chocolate

파베 초콜릿

생 초콜릿 재료

동물성 생크림 ······ 150g

물엿 ························ 10g

버터 ······················ 30g

다크초콜릿 ········· 300g

그랑 마르니에 ······· 20g

만드는 방법

1. 용기에 다크초콜릿을 넣고 중탕으로 녹인다.

2. 냄비에 생크림, 물엿을 끓인다.

3. 녹은 초콜릿에 ②를 나누어 넣으면서 섞는다.

4. ③에 버터를 넣고 섞어준다.

5. ④에 그랑 마르니에를 넣고 섞어준다.

6. 정사각형 은박도시락에 가나슈를 부어서 굳힌다.

7. 굳은 가나슈를 2.5cm 정사각형으로 자른다.

8. 코코아파우더 또는 슈거파우더를 묻힌다.

Pineapple Caramel
파인애플 캐러멜

파인애플 캐러멜 재료

파인애플 ············· 5조각

황설탕 ················· 150g

버터 ······················ 15g

만드는 과정

1. 파인애플 껍질을 벗기고 자른다.

2. 프라이팬에 설탕을 넣고 캐러멜 색깔이 날 때까지 끓인다.

3. 캐러멜색이 나면 버터를 넣고 섞어준다.

4. 파인애플을 넣고 색깔이 골고루 날 수 있도록 굴려준다.

5. 스틱을 꽂는다.

6. 글라스에 패션프루트 소스를 먼저 넣고 파인애플을 넣는다.

패션프루트 소스

패션 퓌레 ·········· 200g

설탕 ···················· 50g

물엿 ······················ 20g

만드는 과정

1. 냄비에 설탕, 물엿, 패션 퓌레를 넣고 끓인다.

2. 식혀서 냉장고에 넣어 놓고 사용한다.

Pineapple Compote
파인애플 콩포트

파인애플 콩포트 재료

파인애플 ············ 500g

바닐라 빈 ············ 1개

설탕 ················ 250g

물 ················· 300g

시나몬 스틱 ·········· 1개

레몬 ················ 1개

물 ·················· 20g

전분 ················· 4g

만드는 과정

1. 파인애플 껍질을 벗긴다.

2. 먹기에 알맞은 사이즈로 자른다.

3. 볼에 물, 설탕, 레몬 껍질, 시나몬 스틱, 바닐라 빈을 넣고 끓인다.

4. 충분히 끓여 레몬, 계피, 바닐라 향이 나게 한다.

5. 물 20g에 전분 4g을 섞어서 넣고 농도가 조금 있게 만든다.

6. 파인애플을 넣고 조금 부드러울 때까지 조린다.

7. 식혀서 냉장고에 보관하며, 필요시 사용한다.

8. 콩포트는 갓 만든 상태에서 따뜻하게 먹어도 좋으며 냉장고에 보관하여 차갑게 먹기도 한다.

Fancy Shred Cheese Cookie

팬시 쉬레드 치즈 쿠키

팬시 쉬레드 치즈 쿠키 재료

버터 ···················· 140g

설탕 ···················· 60g

박력분 ················· 280g

베이킹파우더 ········ 14g

생크림 ··············· 190g

달걀 ···················· 40g

팬시 쉬레드 치즈 · 120g

만드는 과정

1. 버터와 설탕을 섞어준다.

2. 박력분과 베이킹파우더를 체 친 후 ①에 넣고 천천히 섞어준다.

3. 달걀과 생크림을 반죽에 천천히 넣어 섞어준다.

4. 팬시 쉬레드 치즈를 넣고 섞어준다.

5. 비닐로 싸서 냉장고에 넣고 휴지시킨다.

6. 80g씩 분할하여 둥글리기한 다음 실리콘 패드 위에 팬닝한다.

7. 짤주머니에 토핑 반죽을 담아서 짜준다.

8. 오븐온도 185℃에서 18~23분간 굽는다.

토핑 재료

생크림 ················ 100g

설탕 ···················· 400g

만드는 과정

1. 볼에 설탕과 생크림을 넣고 가볍게 섞는다.

MEMO

Fondant au Chocolate

퐁당 쇼콜라

퐁당 쇼콜라 재료

박력분 ················· 66g

버터 ··················· 120g

다크초콜릿 ········· 130g

달걀 ················· 280g

설탕 ················· 160g

소금 ···················· 2g

코코아파우더 ······· 10g

추가재료

다크초콜릿, 슈거파우더

만드는 과정

1. 달걀을 풀어준다.

2. 설탕, 소금을 넣고 거품을 조금 올려준다.

3. 버터, 초콜릿을 녹여 넣고 섞어준다.

4. 체 친 밀가루, 코코아파우더를 넣고 섞어준다.

5. 반죽이 완성되면 랩을 싸서 상온에서 1시간 정도 휴지시킨다.

6. 몰드에 30% 채운다.

7. 중간에 다크초콜릿을 조금 넣어준다.

8. 반죽을 채워서 오븐온도 180℃에서 8~10분간 굽는다.

9. 오븐에서 내면 준비된 접시에 놓고 슈거파우더를 조금 뿌려서 제공한다.

퐁당 쇼콜라(Fondant au Chocolate)

퐁당 쇼콜라는 프랑스의 대표적인 디저트로서 초콜릿이 녹아서 흘러내리는 케이크이다. 여기서 퐁당(fondant)은 프랑스어로 '녹아내린다(melt)'라는 의미이고, 쇼콜라(chocolat)는 초콜릿을 뜻한다.

완성된 케이크는 포크로 가르면 안쪽에 있던 초콜릿이 흘러내리게 되는데, 뜨겁게 먹어야 고유의 제맛을 느낄 수 있다.

Florentine Almond

플로랑탱 아망드

사블레 반죽 재료

버터 ····················· 200g

슈거파우더 ········· 150g

달걀 ····················· 2개

소금 ····················· 2g

바닐라 향 ············· 소량

박력분 ················· 400g

아몬드파우더 ········ 80g

만드는 과정

1. 버터를 부드럽게 해준다.

2. 슈거파우더와 소금을 넣고 섞어준다.

3. 달걀을 하나씩 넣으면서 저어준다.

4. 바닐라 향을 넣어준다.

5. 아몬드파우더, 박력분을 체 친 후 넣고 반죽한다.

6. 비닐에 싸서 냉장고에서 휴지시킨다.

7. 밀대로 반죽을 밀어서 포크로 구멍을 낸다.

8. 오븐온도 190℃에서 15~20분간 색깔이 조금 나기까지 굽는다.

9. 구운 비스킷 위에 아몬드 필링을 펴서 다시 오븐에 넣어서 색깔을 낸다.

플로랑탱 재료

버터 ····················· 40g

설탕 ····················· 40g

꿀 ························· 50g

물엿 ····················· 40g

동물성 생크림 ······ 130g

슬라이스 아몬드 ·· 160g

만드는 과정

1. 아몬드를 오븐에 살짝 굽는다.

2. 냄비에 버터, 설탕, 꿀, 물엿, 생크림을 넣고 106℃까지 끓인다.

3. 아몬드를 넣고 저어준다.

4. 살짝 구운 비스킷 위에 조린 아몬드를 올려서 펴고 210℃ 오븐에서 갈색이 날 때까지 굽는다.

5. 알맞은 크기로 자른 다음 템퍼링한 초콜릿에 찍는다.

플로랑탱(Florentine)

플로랑탱은 설탕, 꿀, 생크림, 버터, 물엿, 아몬드, 오렌지 필 등을 넣고 만든 프티푸르 세크. 발상지가 이탈리아인 아몬드 풍미의 과자이다. 플로랑탱은 이탈리아의 도시 피렌체라는 뜻이며, 피렌치 메디치가의 딸인 카트린(Cathenine)이 프랑스의 앙리 2세와 결혼하면서 가지고온 과자 중의 하나이다. 플로랑탱 사블레와 플로랑탱 쇼콜라 2가지의 종류가 있으며, 모양도 다양하게 만들 수 있다.

Financier

피낭시에

피낭시에 재료

재료	분량
박력분	100g
아몬드파우더	125g
레몬	1개
전분	40g
설탕	300g
흰자	320g
버터	225g
믹스필	100g

만드는 과정

1. 가루 재료를 모두 체 친다.

2. 가루 재료와 설탕을 섞어준다.

3. 버터를 태워 정제 버터를 만든다.

4. 섞은 가루에 흰자를 천천히 섞어 풀어준다.

5. 레몬 제스트를 넣고 섞어준다.

6. 정제 버터를 넣는다.

7. 믹스필을 넣는다.

8. 냉장고에서 휴지시킨다(1시간).

9. 짤주머니에 반죽을 담아 몰드에 짜준다.

10. 오븐온도 190℃에서 10~13분간 굽는다.

MEMO

Peach Melba

피치멜바

피치멜바 재료

복숭아 ···················· 3개
(복숭아 시즌에는 후레시 사용)
레몬 ····················· 1개
설탕 ···················· 300g
물 ····················· 300g
바닐라 빈 ············· 1개
샴페인 ··············· 500g

만드는 과정

1. 복숭아를 반으로 자른 후 씨를 제거한다.

　(시즌에는 복숭아를 시장에서 구매하여 사용하면 좋다.)

2. 냄비에 설탕, 물, 반으로 자른 레몬, 바닐라 빈을 넣고 끓인다.

3. 복숭아를 잘라서 넣고 5~7분간 끓인 후 건져낸다.

4. 식혀서 샴페인에 넣고 절인다.

5. 준비된 글라스에 바닐라 아이스크림을 넣는다.

6. 절인 복숭아를 올린다.

7. 휘핑크림을 짜고 장식물을 올린다.

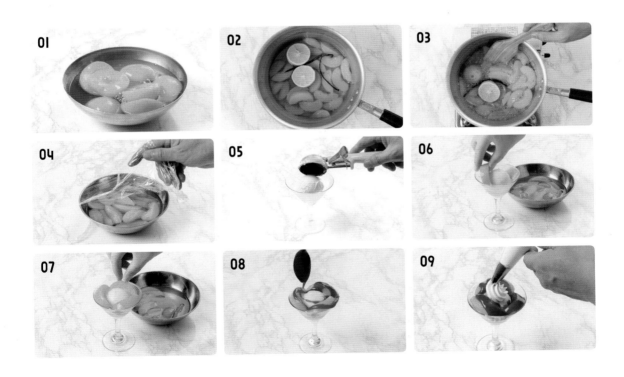

멜바 소스 재료

산딸기 퓌레 ········· 200g

설탕 ······················ 70g

레몬즙 ············· 1/2개

물 ························· 20g

전분 ······················ 2g

만드는 법

1. 산딸기 퓌레에 설탕을 넣고 끓인다.

2. 물에 전분을 섞어서 저어가면서 조금씩 부어준다.

3. 식혀서 고운체에 내려서 냉장고에 보관하여 사용한다.

피치멜바(Peach Melba)

피치멜바 디저트는 바닐라 아이스크림 위에 반으로 자른 복숭아 조각을 시럽에 넣고 삶아 식힌 다음 씨 있는 부분이 밑으로 가게 하여 올리고, 그 위에 라즈베리로 만든 라즈베리 소스를 뿌리고 거품을 낸 생크림이나 구운 아몬드를 장식하여 만든 디저트이다. 생과일이나 시럽에 삶은 과일, 바닐라 아이스크림, 산딸기 소스가 조화를 이룬 것을 멜바라 부르며, 피치멜바(peach melba)는 1800년대 후반에 유명한 프랑스 요리사였던 에스코피에(Escoffier)가 오스트레일리아의 인기 있는 오페라 가수였던 넬리에 멜바(Nelie Melba) 부인을 위해 만든 디저트이다.

MEMO

Pecan Chocolate Tart
피칸 초콜릿 타르트

파트 쉬크레(Pate Sucree) 재료

박력분	180g
아몬드파우더	30g
슈거파우더	90g
버터	100g
달걀	1개
소금	1g

만드는 과정

1. 박력분, 아몬드파우더, 슈거파우더를 체 친다.

2. 상온에 둔 버터에 설탕과 소금을 넣고 부드럽게 해준다.

3. 달걀을 넣고 저어준다.

4. 반죽을 납작하게 하여 비닐에 싸서 냉장고에 넣는다.

5. 반죽을 3~4mm로 균일하게 밀어서 타르트 몰드에 올린다.

6. 손으로 몰드에 넣은 다음 모서리 부분을 접듯이 끼워 넣는다.

7. 밀대를 이용하여 반죽의 여분을 잘라낸다.

피칸 필링 재료

물엿 ··················· 100g

버터 ····················· 10g

다크초콜릿 ·········· 26g

달걀 ···················· 220g

설탕 ····················· 70g

피칸 ···················· 300g

만드는 과정

1. 물엿, 버터를 냄비에 넣고 뜨겁게 데워준다.

2. 뜨거운 물엿에 초콜릿을 넣고 저어서 녹여준다.

3. 달걀을 거품이 나지 않도록 풀어준 다음 설탕을 섞어준다.

4. 고운체에 걸러준다.

5. 거품을 제거한다.

6. 준비해 놓은 몰드에 피칸을 채우고 필링을 부어준다.

7. 오븐온도 180℃에서 20~25분간 굽는다.

MEMO

Earl Grey Chocolate Raspberry Sorbet

홍차 초콜릿 라즈베리 셔벗

홍차 초콜릿 재료

생크림 ·················· 250g

우유 ····················· 200g

밀크초콜릿 ········· 500g

홍차 ······················ 10g

만드는 과정

1. 우유와 생크림에 홍차를 넣고 약한 불에서 천천히 우려낸다.

2. 체에 걸러준 다음 끓인다.

3. 끓인 홍차를 초콜릿에 붓고 천천히 저어준다.

4. 준비된 접시에 채운다.

5. 채운 접시를 조심하여 냉장고에 넣는다.

6. 굳으면 꺼내어 초코크림을 뿌리고 산딸기 셔벗을 올린다.

초코크럼 재료

설탕 ···················· 100g

황설탕 ················· 75g

박력분 ················· 125g

코코아파우더 ········ 50g

아몬드파우더 ········ 75g

버터 ···················· 75g

만드는 과정

1. 볼에 가루 재료를 체 친 후 나머지 재료 모두 넣고 섞어준다.

2. 두 손으로 비벼서 가루로 만든다.

3. 오븐온도 190℃에서 10~12분간 구워준다.

셔벗(Sorbet)

셔벗(영어: sorbet 또는 sherbet)은 과즙에 물, 우유, 크림, 설탕 등을 넣고, 아이스크림 모양으로 얼린 빙과이다. 과즙에 설탕, 향이 좋은 양주, 난백 등을 넣고 잘 섞어서 얼려 굳힌 것으로 과즙, 술, 향료로 만든 차가운 디저트이며, 아이스크림과 비슷하나 달걀이나 생크림, 우유 등 유제품이 들어가지 않는다. 프랑스어로는 소르베(sobet)라고 하며, 정찬 코스에서 입맛을 새롭게 하고자 메인요리가 나오기 전에 나오며, 오늘날은 식후의 디저트로도 많이 쓰고 있다.

MEMO

MEMO

참고문헌

김방호, 눈으로 먼저 즐기는 디저트 65가지, 디저트 수첩, 2011.

네이버 지식백과(두산백과, 음식백과).

신태화·윤경화, 제과제빵 이론 및 실무, 지구문화사, 2017.

정영택·윤희영, 초콜릿 마스터클래스, 비앤씨월드, 2015.

정홍연, 시크릿 레시피, 비앤씨월드, 2014.

파티씨에 편집부, 빵 과자백과사전, 비엔씨월드, 2011.

저자소개

신태화

백석예술대학교 외식산업학부 교수
경기대학교 관광학 박사
대한민국 제과기능장
사)외식경영학회 부회장
2014년 전국자원봉사대상 국무총리 표창
제과명장, 제과기능장 심사위원
JW MARRIOTT HOTEL EXECUTIVE PASTRY CHEF
SEOUL PALACE HOTEL PASTRY CHEF
SEOUL INTERNATIONAL BAKERY FAIR 심사위원
U.S.C CHEESE BAKERY CONTEST 심사위원
ACADECO 심사위원
NCS 제과제빵 개발위원
KBS "무엇이든 물어보세요", MBC, EBS 등 다수 출연
프랑스 VAlRHONA CHOCOLATE 학교 단기연수
독일 CSM 단기연수
일본 동경제과학교 단기연수
일본 과자전문학교 단기연수
저서: 제과제빵 이론 및 실무, 제과제빵 기능사 실기, 홈메이드 베이킹, 달콤한 디저트 세계 외
　　　다수

저자와의
합의하에
인지첩부
생략

달콤한 유혹 디저트 여행

2020년 2월 15일 초판 1쇄 인쇄
2020년 2월 20일 초판 1쇄 발행

지은이 신태화
펴낸이 진욱상
펴낸곳 (주)백산출판사
교 정 편집부
본문디자인 이문희
표지디자인 오정은

등 록 2017년 5월 29일 제406-2017-000058호
주 소 경기도 파주시 회동길 370(백산빌딩 3층)
전 화 02-914-1621(代)
팩 스 031-955-9911
이메일 edit@ibaeksan.kr
홈페이지 www.ibaeksan.kr

ISBN 979-11-89740-08-5 13590
값 29,000원